葡萄整形修剪图解

（第二版）

主 编

张一萍 张未仲

编著者

孟玉平 王 卉 张未仲

曹贵寿 郭秀芳 程素琴

金盾出版社

内容提要

本书由山西省农业科学院生物技术研究中心研究员张一萍等编著和修订。编著者根据当前葡萄整形修剪技术的发展情况，对原版的内容做了增补、修改和调整。经过修订后，内容包括：葡萄整形修剪基础知识，葡萄的冬季修剪技术，葡萄的夏季修剪技术，冬季覆土区葡萄整形修剪，冬季不覆土区葡萄整形修剪，设施栽培葡萄整形修剪，庭院栽培葡萄整形修剪，葡萄盆景整形修剪，遭受冻害后的管理，几个栽培品种的整形修剪要点等。全书内容简明扼要，技术先进实用，图解直观生动，文章相得益彰，便于学习和操作。适合广大农民、葡萄专业户、葡萄种植爱好者学习使用，也可供果树技术人员和农林院校有关的师生阅读参考。

图书在版编目(CIP)数据

葡萄整形修剪图解/张一萍，张未仲主编．—2版．—北京：金盾出版社，2014.1(2018.1重印)
ISBN 978-7-5082-8922-9

Ⅰ.①葡… Ⅱ.①张…②张… Ⅲ.①葡萄—修剪—图解 Ⅳ.①S663.105-64

中国版本图书馆CIP数据核字(2013)第244180号

金盾出版社出版、总发行

北京市太平路5号(地铁万寿路站往南)
邮政编码：100036 电话：68214039 83219215
传真：68276683 网址：www.jdcbs.cn
封面印刷：北京凌奇印刷有限责任公司
正文印刷：北京军迪印刷有限责任公司
装订：北京军迪印刷有限责任公司
各地新华书店经销

开本：850×1168 1/32 印张：4.5 字数：72千字
2018年1月第2版第18次印刷
印数：120 001～124 000册 定价：10.00元

再版前言

整形修剪是果树栽培中一项特有的管理措施。它与土肥水管理、病虫害防治与果实管理一起构成果树栽培的四大内容。由于其技术性强，直接影响到果树的生长发育、产量与品质的提高。因此，历来受到果树栽培者的重视。

葡萄的整形修剪技术，与其他落叶果树的整形修剪技术一样，有以下几个特点。

第一，地域性。由于我国适于葡萄栽植的地区辽阔，除西藏等少数地区外，其他地区都有葡萄栽植。由于土壤、气候等自然条件及栽培历史、管理水平、销售市场等社会条件的千差万别，造成了葡萄整形修剪上的多样性。

第二，局限性。整形修剪对果树生长和结果的调节作用很大，对高产稳产影响直接，效果明显，但其毕竟是在土肥水管理、病虫害防治等管理基础上的一项管理措施。过分强调其作用而忽视其他管理，也难达到预期的目的。

第三，实践性。要想掌握果树的整形修剪技术，除了学习必要的基础知识和进行相互的经验交流之外，大量的时间要在果园内认真地观察、比较和揣摩，不断地积累经验。如果仅限于课堂、书本的学习，那是不够的，其结果必然是讲起来头头是道，一到树下便手足无措。不是机械死板地按图索骥、强造树形，就是蜻蜓点水、东疏西截，不得要领，难以达到高产优质的目的。

我国果树工作者在生产实践中，创造设计了许多特色鲜明的架式和整形修剪方法，随着国际技术交流的加强，国外的许多成功经验也被介绍到国内来，对于这些整形修剪方法和经验，我们都应该认真学习和研究，取其所长，融会贯通，应用于我们的实践中，以提高我国的葡萄产业水平。

随着葡萄种植面积的不断扩大及市场对葡萄果实商品性的要求提高，广大种植者对学习、掌握葡萄整形修剪技术也有新的探索。为此，作者对《葡萄整形修剪图解》一书进行了修订，力图使内容更加贴近生产实际，新的技术和方法得到及时普及推广。

因作者水平有限，一定有许多问题及不足之处，希望读者和专家能批评指正，再次感谢同行的支持和帮助。

编著者

目录

一、葡萄整形修剪基础知识

1. 葡萄整形修剪的重要意义

葡萄为多年生藤本攀缘植物，干性弱，不能像其他灌木、乔木那样直立生长。在自然界，它靠攀缘在其他植物上才能正常生长。在栽培条件下，大多情况下要有支架，它才能正常地生长和结果。

葡萄年生长量大，1 年生枝可长达数米，而且枝蔓可多级次生长，即有二次枝、三次枝，甚至有四次枝。因此，整形修剪格外重要，稍不注意便会枝蔓重叠、树形紊乱，造成树冠郁闭，通风透光不良，无效叶增多，枝蔓成熟度低，花芽难以分化，不仅影响果实发育，而且影响翌年的产量。同时，下部枝条迅速枯死，结果部位外移，树体很大，而产量很低，质量很差，经济效益低下。进而引起病虫害滋生，给生产造成很大损失。

不进行整形修剪或整形修剪不当的树，树体过大，枝条重叠，给田间管理造成很大不便，如冬季覆土越冬区，在秋末覆土时，要用工很多，甚至形成无土可取的尴尬局面，往往会因覆土不严密，加上枝条本身不够充实健壮，从而使树体不能安全越冬。夏季喷洒药剂防治病虫害时，也难以均匀周到，致使病虫害得不到及时有效的防治。

整形修剪对于葡萄栽培的重要性，超过其他落叶果树修剪的重要性，如不进行，或技术掌握不好，则会严重地影响葡萄的产量和质量。

通过整形修剪，可以使葡萄在各种不同生态条件下，都可正常生长结果，减少或避免不良环境对生产的影响。通过整形修剪，可以使枝条在架面上分布均匀，光照良好，树体紧凑，叶片光合作用效率高，树体生长与结果矛盾缓和，枝条充实，越冬性好，花芽分化良好，病虫害减少，产量高而稳定，品质优良，管理方便，经济效益提高。

2. 葡萄生长结果特性

葡萄具有生长旺，成形快，结果早，1 年可多次生长、多次结果的特点。葡萄树体由多年生的主干、主蔓、侧蔓、结果母枝(或称结果母蔓)和当年生的新梢构成(图 1-1)。结果母枝为 2 年生枝，即上年的结果枝或发育枝。由结果母枝萌发的新梢中，带有花穗的称为结果枝，不带花穗的称为发育枝(或称营养枝)。在主蔓、侧蔓、结果母枝先端延长的新梢，称为延长枝，延长枝用来扩大树冠。

葡萄新梢上的芽，具有早熟性，它着生在叶腋间，可分为冬芽和夏芽 2 种(图 1-2)。冬芽外披鳞片，由 1 个主芽和 4～8 个副芽组成，主芽当年一般不萌发。翌年春季萌发成新梢时，又在叶腋间形成冬芽和夏芽。夏芽是裸芽，容易萌发，萌发的新梢称为副梢，生长旺盛的树可萌发 2～4 次副梢。有些芽在翌年不萌发，而成为潜伏芽，葡萄的潜伏芽寿命很长，再萌发力强，使葡萄易于更新复壮。

葡萄新梢上的腋芽(冬芽和夏芽)，在开花期前后，新

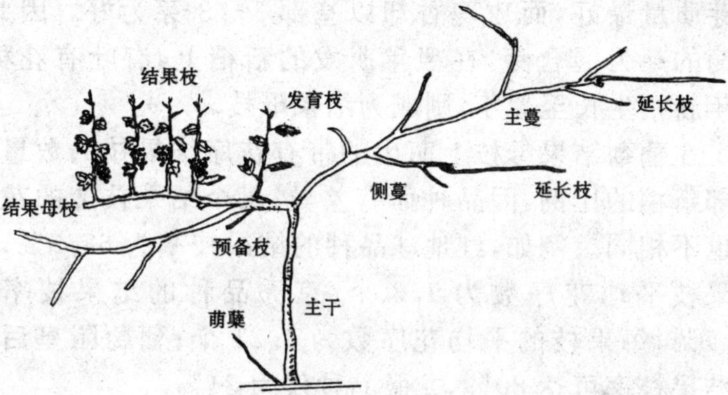

图 1-1 葡萄植株各部分的名称

图 1-2 冬芽与夏芽

梢生长至 50～80 厘米时，由接近基部的节位开始，向先端顺次开始分化花穗的原始体。葡萄同一新梢的腋芽因节位不同，其分化期不同，通常最早出现的基芽分化较迟，质量也较差，多以中部芽发育为好。节位花芽分化的好坏，品种之间有差异，如汤姆逊无核葡萄以第四至第十二芽质量最好，而玫瑰香却以基部 1～3 芽为好。因此，葡萄的芽为混合芽，在翌年萌发的新梢上，有叶有花穗。当年新梢生长至翌年，则成为结果母枝。

在葡萄结果母枝上萌生的带有花序结果枝的数量占全部新梢的比例，因品种而有差异，每个结果枝上的花序数也不相同。例如，红地球品种的结果枝率为 68.3%，每个果枝平均花序数为 1.3 个；京秀品种的结果枝率为 45.7%，每果枝的平均花序数为 1.21 个；葡萄园皇后品种结果枝率可达 80%，龙眼品种仅为 34%。

葡萄的花序为复总状花序。葡萄的大多数栽培品种为完全花，自花、异花都能授粉，有少数品种为雌能花，需异花授粉才能结果；还有一种雌蕊退化，但雄蕊及花粉正常的雄能花（图 1-3）。

3. 葡萄生长发育周期

(1)葡萄的生命周期　葡萄的自然寿命很长，在老葡萄产区，可见到百年以上树龄的植株仍枝繁叶茂，果实累累。生命周期一般可分为幼树期、结果初期、盛果期和衰老更新期。

①幼树期　葡萄 1 年生扦插苗、嫁接苗或实生苗栽植后至开花结果阶段，称为幼树期。这个时期很短，仅 1～2 年，主要是加强土、肥、水的管理，促进幼树根系生长，扩大营养范围，促使地上部枝条生长粗壮、充实，为培养健壮主蔓打好基础。在夏、秋季，当新梢达到一定高度后，要注意摘心，以促使枝条充实。到秋后，一般当年新梢粗度应达 1 厘米左右，长度应达 100 厘米以上。

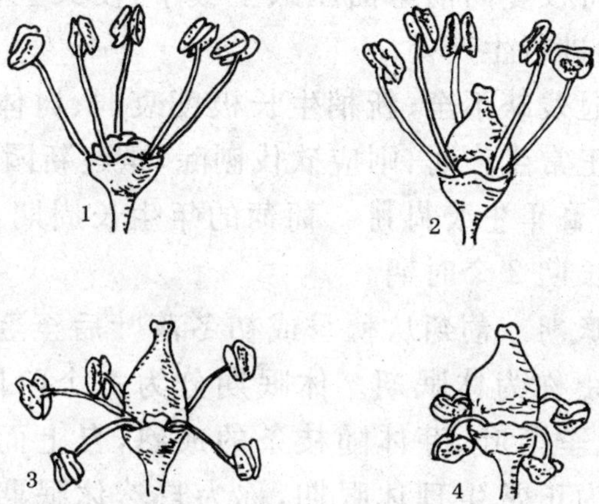

图 1-3　葡萄花的主要类型

1. 雄能花　2. 两性花　3,4. 雌能花

②结果初期　葡萄结果早，一般在栽后 2～3 年开始结果，从开始结果至枝蔓满架，产量由低达到稳定高产前，可称为结果初期。这段时期是整形的关键时期，在树形迅速扩大的同时，注意培养好健壮的结果枝组。

③盛果期　即稳产高产期。葡萄的经济结果年龄较长，在正常管理条件下，葡萄的盛果期可维持 20～30 年。管理较好的可达 70～80 年，甚至可达 100 年以上。管理不善时，树体易早衰，使盛果期大大缩短。要注意结果枝组的更新，保持年年有健壮的结果母枝。

④衰老更新期　植株上部的结果枝蔓，为维持产量，经几十年反复更新，基部老蔓变粗，很容易劈裂，致使新梢长势变衰，植株进入衰老期。此时期老蔓基部或附近根系会大量萌生根蘖。这时可利用根蘖进行培养新植

株。也可将枝蔓向前弯曲压入土壤中，使其生根，形成新植株，继续进行生产。

当树冠残缺不全、新梢生长极度衰弱、树体难以更新复壮维持正常生产时，则应砍伐刨除，重建新园。

(2)葡萄年生长周期 葡萄的年生长周期，可分为休眠期和生长期 2 个时期。

①休眠期 葡萄从秋季或初冬落叶后至翌年树液开始流动为止称为休眠期。休眠期分为 2 个阶段：前一阶段，随着秋季落叶，芽体随枝条的成熟，自上而下进入休眠。此时为正常生理休眠期，称为自然休眠期或生理休眠期。通过自然休眠需要一定的低温条件。一般是在气温 0℃～7℃时，经 30～45 天，就可以满足对低温的需求，不同品种所需低温的时间长短不同。当气温达 10℃以上就可以萌发生长。但当外界条件不适宜生长时，葡萄不能生长，还要继续休眠。这后一阶段称为被迫休眠期。

在葡萄休眠期进行冬季的整形修剪。在进行设施栽培时，冬季的整形修剪要在自然休眠期内完成，而升温要在自然休眠期结束以后。

②生长期 葡萄从春季树液开始流动至秋季落叶称为生长期。生长期中不同阶段的生长特点及管理要点，简述如下。

第一，树液流动期。春天当葡萄根系分布土层的地温达 7℃～10℃时，葡萄根系开始活动，从土壤中吸收水分与无机盐类物质，同时根部和多年生枝蔓中贮藏的有机营养也变为可给态，由根系和老蔓向上输导，由于枝蔓上的导管粗大，根压又大，树液上升速度很快，此时尚未萌芽展叶，地上部如有机械伤口，便会引起树液外流，称为伤流。北方覆土越冬区，葡萄出土时，常可见到葡萄被工具铲伤而形成的伤流现象。伤流期从根系在土壤中吸收水分开始至展叶后为止。伤流期的长短，因地区、品种而有差异，有的仅几天，有的可长达 50 余天。由于伤流液中含有大量水分和少量营养物质，大量伤流会使植株营养损失过多，造成芽眼枯死、树势衰弱，甚至死亡。为减少伤流，应严格注意修剪时期，在伤流期到来前完成冬剪工作。在伤流期，尽量避免修剪和造成伤口等机械损伤。同时，注意防治病虫害。对已发生伤流的植株，可以进行断根、烙伤口、涂石灰膏和垂直引缚枝蔓等措施来加以控制。

第二，萌芽期。从萌芽至开始展叶称为萌芽期。在日平均温度 10℃以上时，葡萄芽眼开始膨大和生长。萌芽期较短，在冬季埋土防寒地区，一般解除覆盖物后 7～10 天芽便开始萌动。当芽萌发、新梢长出 3～5 厘米、能识别有无花序时，进行抹芽，以保证主芽正常生长。

第三，新梢生长期。从萌芽展叶至新梢停止生长称为新梢生长期。萌芽初期生长缓慢。日平均温度升至 20℃时，新梢生长迅速，每昼夜生长量可达 10～20 厘米，即出现第一次生长高峰。以后到开花为止，新梢生长趋缓。这个时期所需要的营养物资，主要由茎部和根部贮藏的养分供给。营养条件良好，新梢生长健壮，对当年的产量、质量和翌年花芽分化都起着决定性的作用。此时要在抹芽的基础上进行定枝，将多余的过密的新梢和副梢及时剪掉，减少消耗养分，并及时绑缚新梢。

第四，开花期。从始花期至终花期为止称为开花期。开花期的早晚、时间长短，与当地气候条件和栽培品种有关。一般品种花期为 7～10 天。为了提高坐果率，在花期前 2～3 天对结果枝及时摘心，控制营养，改善光照条件，同时要对花穗进行整形，可明显地提高坐果率。

第五，浆果生长期。从子房开始膨大到浆果着色前称为浆果生长期。该期较长，一般可延续 60～100 天。其中包括葡萄的浆果生长、种子形成、新梢加粗、花芽分化、副梢生长等时期。

浆果生长的同时，新梢加粗生长，节间芽眼进行花芽分化。当浆果长到接近品种固有的大小时趋于缓慢生长。此时新梢（含副梢）进入第二次生长高峰，要求对新梢及时引缚和处理副梢，以改善架面光照条件。

第六，浆果成熟期。此期为从果实变软开始至果实完全成熟。浆果成熟期光照充足，高温干燥，昼夜温差大，有利于浆果着色，含糖量高。在这阶段要注意疏掉影响光照的枝叶，促进果实迅速着色成熟和枝条充实。

第七，枝蔓成熟和落叶期。果实采收后至叶片黄化脱落时为止称为枝蔓成熟和落叶期。葡萄果实采收后，叶片的光合作用仍在加速进行，将制造的营养物质由消耗转为积累，运往枝蔓和根部贮藏。枝蔓开始变色成熟，这时花芽分化也在进行。到秋季随气温下降，叶片的叶绿素分解，显示橙黄色或赭红色，然后脱落。此时要注意控制副梢生长，保证光合作用正常进行，促进枝蔓充分成熟和花芽分化，可以提高越冬抗寒能力和翌年的产量。

4. 葡萄整形修剪的要点

(1)葡萄整形修剪的时间和任务 整形和修剪是两个概念。整形是指要把树体造成一定形状，使葡萄的枝蔓合理分布架面，充分利用空间和光照，既保证通风透光，又可多留果穗，达到高产优质的目的。修剪则是在整形的基础上，维持各部分平衡生长，调整生长与结果的关系，改善光照条件，增加有效光合面积，减少养分浪费的技术措施。

葡萄整形修剪，按操作时间分为冬季修剪和夏季修剪。

①冬季修剪 即休眠期修剪，指秋末或初冬落叶后，至发芽前这段时间进行修剪。通常在冬季覆土越冬区，这段时间很短，一落叶，接着封地，必须抓紧进行。在不覆土越冬区，这段时间较长，可在落叶后3～4周，树体进入深休眠后进行，但注意不可太晚。如果到春季再修剪，会引起伤流，影响树体正常生长发育。冬季修剪的任务是：通过短截、疏剪、回缩等方式进行整形。剪除病虫害枝、机械损伤枝、无结果能力的弱枝、未成熟枝条和过密枝；剪除过多的芽眼，调节植株负载量；培养预备枝，及时更新衰老枝蔓，控制结果部位上移。

②夏季修剪 指萌芽后至落叶前的整个生长期的修剪。夏季修剪包括抹芽、摘心、定梢、摘除卷须和老叶、环状剥皮、新梢绑缚等树体管理。在实际操作中将疏花序、

花序整形、疏果粒等果穗管理工作也纳入夏季修剪内容中。因此，夏季修剪实际是整个生长期的树体管理。夏季修剪的任务是：控制新梢徒长，调整养分分配，改善光照条件，提高果实的质量和产量；培养充实健壮、花芽分化良好的枝蔓，为翌年生产打好基础。

(2) 葡萄整形修剪的依据

①生态条件　根据不同生态条件，要采取不同的栽培模式。如冬季覆土越冬区，要采用低干小冠树形，以便于秋后下架埋土。在多雨高温的南方地区，宜采用高干树形，以利于通风，减轻病害。

②品种特性　必须根据不同品种的生长、结果习性来考虑架式、树形以及相应的修剪方法。对生长势强旺的品种，如龙眼、红地球等品种，以大架面、大树冠、长梢修剪为宜；而生长势弱的品种，如玫瑰香、葡萄园皇后等品种，以小架面、小树冠、中短梢修剪为宜。

③栽培条件　在机械化程度高的地区，栽植方式和整形方式要便于机械作业。土壤肥沃、肥水条件好的地区，可采用大架面、大树冠整形；土壤瘠薄、肥水条件差的地区，要采用小架面、小树冠、短梢修剪的栽培模式。大架面前期投资大，而小架面前期投资小。密植的早期产量高，稀植的前期投资少，这要视经济状况而定。

(3) 葡萄整形修剪的特点

①要用支架　葡萄为匍匐生长的攀缘植物，在生产中要用支架。因此，葡萄整形修剪时，要将架式、树形、修剪三者综合考虑，统一安排进行。

②整形方式有多种　葡萄树形可塑性强。葡萄可以适应多种整形方式。但不论采用何种方式整形，都要努力做到充分利用土地资源、充分利用太阳光能、便于管理作业和符合其品种的生物学特性。

③葡萄树体更新快　由于生长量大，结果部位外移迅速，因此为了保证架面的结果部位稳定，保证产量和质量的稳定和提高，在植株进入结果期后，必须经常注意枝蔓的更新。

5. 葡萄整形修剪的发展趋向

葡萄的整形修剪技术和其他果树的整形修剪技术一样，也在经历着由简到繁、由繁到简的过程。目前，葡萄整形修剪显示了以下几个特点。

(1)技术简化　覆土越冬区，为了追求葡萄的早期产量，随着育苗水平的提高，苗木价格的下降，栽培方式也由稀植大冠形向密植小冠形方向发展。因此，广泛应用的多主蔓扇形，逐渐被一条主蔓的龙干形代替。树体变小，除扩大树冠的延长枝采用长梢修剪外，其余多采用短梢修剪，修剪技术逐步简化。在不覆土越冬区，“高、宽、垂”栽培方式因通风透光良好，管理简便，逐渐成为主流。

(2)控制产量　为了向社会提供优质产品，必须对产量有所限制。应改变片面追求高产的生产习惯，向优质生产转变。将产量目标改变为效益目标。特别是用于酿酒的葡萄，对质量要求更为严格，因而对单位面积的产量控制也更为严格。

(3)重视果穗管理　树体管理重点由枝蔓管理转向

果穗管理。随着市场国际化，对生食品种果穗的大小、形状、松紧度、整齐度的要求日益提高，果穗管理越来越精细，投工也越来越多，当然效益也越来越好。

6. 葡萄的架式与架材

(1)架式 架式选用对于葡萄的产量和质量影响很大。正确的架式，配合合理的整形修剪技术，要尽可能地提高空间利用率和光合效率，以保证葡萄的产量和质量。

葡萄栽培的架式主要可分为篱架和棚架两大类，以及许多中间类型和过渡类型。葡萄架式的选定要与所栽植品种的生物学特性、当地的立地条件和栽培技术相适应。一般来说，生长势强旺的品种宜采用大棚架栽培，生长势偏弱的品种宜采用篱架栽培，生长势中等的品种可采用小棚架或篱架栽培。冬季覆土越冬区多采用小型架式如篱架栽培，冬季不覆土区则多采用大型架式栽培。平川地区土壤管理方便，可利用机械，多采用整齐的篱架栽培。丘陵山区多采用灵活的小棚架方便管理，土壤瘠薄缺水山区则又可采用独龙干架式。

(2)架材 葡萄栽培使用支架的架材主要有立柱、横梁、架丝、坠石等。

①立柱 立柱常用的材料有水泥、钢材、竹木和石料等。一是水泥柱。是目前使用最广泛的架材。一般水泥柱高 250 厘米，长、宽为 10 厘米×10 厘米。有时边柱用 12 厘米×12 厘米的。通常水泥柱要用 4 根 6～8 毫米的钢筋做骨架，放入制好的木匣内，再用水泥 1 份、粗沙 2 份、2 厘米左右碎石 4 份混合后填满，震荡压实，干燥后取

出备用。二是钢管和角铁。钢管一般使用直径 40 毫米的;角铁使用 40 毫米的,长度可用 225 厘米左右,使用前要做防锈处理。为稳固,通常要在基部打一个水泥墩。三是木柱。以直径 15 厘米左右、长 200～250 厘米的硬质木材制作。树种多用刺槐、榆树、桑树。木质较软的柳木、杨木使用较少。使用前,待干燥后,下部用热沥青或热煤焦油处理,可延长使用期。四是竹柱。我国南方盛产竹,可选用直径 10～15 厘米的做支架。在使用前也要做防腐处理。五是石柱。在山区石料丰富的地区,可将石料凿成直径 15 厘米、长 200 厘米左右的石柱使用。

②横梁　多采用重量较轻的竹木材料。

③架丝　固定支架多采用 8 号、10 号的镀锌铅丝,而横拉的铅丝多用 12 号。

④坠石　各种架式的边柱,都需要埋设坠石加固。可利用断石条、石块、砖块等。

二、葡萄的冬季修剪技术

葡萄的冬季修剪，在覆土越冬区，一般在落叶后 2 周至埋土前的 10 月下旬至 11 月中旬进行。这段时间很短，要抓紧进行。在不覆土越冬区，从落叶后至萌芽期，时间较长。可在落叶后 3～4 周至萌芽前 7～8 周进行。

葡萄冬季修剪的方法主要有短截、疏剪和回缩等几种。在实际操作中，常因气候、土壤、品种特性、树龄、树势、架式、肥水管理水平、栽培技术等条件的不同而采取不同的组合方式进行修剪。如果采用单一种的修剪方法往往不能达到理想的效果。

1. 短截修剪

短截修剪的作用主要是根据整形和结果需要，通过减少枝条上的芽数，把优质芽留在合适部位，以萌发优良的发育枝和结果枝，用以扩大树冠、调整新梢密度和结果部位。

通常依据枝条的粗度和用途来决定短截枝条的保留长度。枝条的直径在 1.5 厘米以上时，留 12 个以上芽后短截，称为极长梢修剪，适合较大树形的主蔓、侧蔓延长枝采用；枝条粗度在 1～1.5 厘米时，留 8～11 个芽后短截，称为长梢修剪，适合中小树形的主蔓延长枝采用；粗度在 0.8～0.9 厘米时，留 5～7 个芽后短截，称为中梢修剪，多适合结果枝采用；粗度在 0.7 厘米左右葡萄枝，留 2～4 个芽后短截，称为短梢修剪，适合短果枝或预备枝采用；粗度在 0.5 厘米左右，留 1 个芽后短截，称为极短梢修剪，适合预备枝采用（图 2-1）。

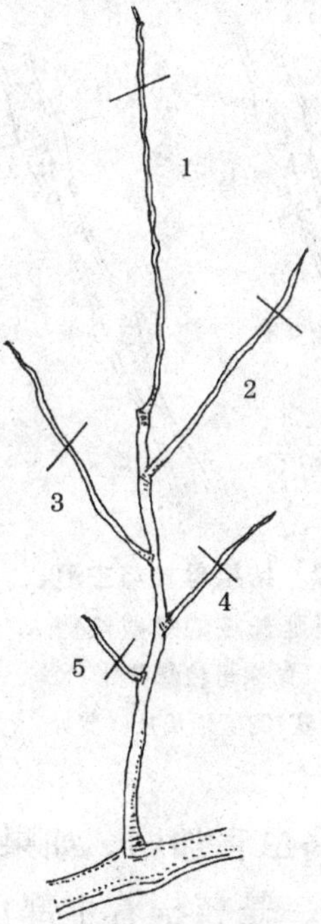

图 2-1　葡萄冬季短截修剪

1. 极长梢修剪
2. 长梢修剪　3. 中梢修剪
4. 短梢修剪　5. 极短梢修剪

剪口位置和方向，葡萄结果枝蔓的髓部较大，组织较疏松，水分易蒸发，故修剪时剪口应距芽眼 2～4 厘米，枝蔓的节间处下剪，留一段枝作保护桩，以防止因芽眼部位水分蒸发而导致干枯枝增多。剪口方向要尽量在剪口芽的对侧。留下的短桩翌年 4 月下旬去除（图 2-2）。

(1) 延长枝修剪　主蔓、侧蔓的延长枝，在幼树阶段，担负着扩大树冠、构建树形和结果的多重任务。因此，要保证其强健的生长势，多采用长梢修剪。到结果盛期以后，枝蔓满架，即可参照结果母枝的修剪方法修剪。

(2) 结果母枝修剪

①剪留长度。结果母枝是翌年着生结果枝的枝条，冬季修剪中结果母枝剪留长度对葡萄产量、品质及植株的生长发育有很大的影响。剪留过短，结果枝形成少，产量低。如剪留过长，翌年新梢密集，光照不良，落花落果严重，果粒

变小，着色差，糖度低，品质下降。同时，枝条生长发育不良，花芽分化不好，影响翌年生产。所以，确定结果母枝适宜的剪留长度，对高产、稳产、优质和壮树都十分重要。结果母枝剪留长度可参照以下几种状况来决定：一是枝梢生长状况。健壮枝梢花芽分化好，萌芽率高，可适当长留。留梢过短，剪掉大量花芽，影响产量，而且会出现徒长现象。但留梢过长，枝梢过密，通风透光不好，结果过多，树势减弱，病虫害加剧。如果枝梢细弱，则应留2～3个芽短梢修剪。二是枝梢着生部位。着生在空间大的部位，枝梢要适当长留，使之萌发较多的新梢占据空间，迅速布满架面，提高产量。三是树形类型。篱架多主蔓自然扇形整枝，要长、中、短梢综合修剪。龙干形整枝，枝组要按一定距离有规则地固定在龙干上，进行短梢修剪。四是品种特性。生长势强旺的品种，适于中长梢修剪。生长势中庸的品种，适于中短梢修剪。生长势偏弱的品种，适宜短梢修剪。从葡萄品种上看，不同品种，其结果枝的结实能力也不同。例如，玫瑰香、奥古斯特、维多利亚、京亚、早黑宝、巨玫瑰、意大利、红地球、赤霞珠等品种，结实能力强，适宜中短梢修剪，防止结果太密。巨峰、京玉、京

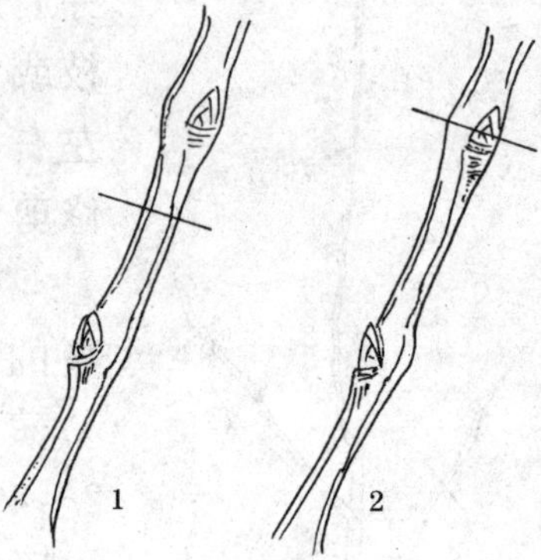

图 2-2　结果母枝与主蔓、侧蔓延长枝的短截修剪

1. 结果母枝修剪处

2. 主蔓、侧蔓延长枝修剪处

秀、美人指、龙眼、牛奶、品丽珠等品种，结实能力差，适宜长梢修剪，以保证产量。五是管理条件。土壤瘠薄、肥水不足、干旱的地区以短梢修剪为主。

②剪留数量　除明确剪留长度之外，还应考虑结果母枝的剪留数量。同样，如果结果母枝剪留的数量少，翌年就会因枝蔓量不足而影响产量。如果剪留量过多，就会枝蔓密挤，负载量大，光照不足，落花落果现象严重，还会影响越冬和翌年产量。

因此，应根据品种、土肥水等管理水平，根据计划产量数、全园应留的结果母枝总数和每株应留的结果母枝数来确定冬季修剪应留的长度及数量，这样既能保证完成产量计划，又能使植株生长健壮，连年丰产。每 667 米^{2}的结果母枝合理保留数可按下列公式计算：

$$\text{结果母枝数}=\frac{\text{预计产量(千克)}}{\text{每母枝平均果枝数}\times\text{每结果枝平均穗数}\times\text{平均穗重(千克)}}$$

据经验，一般长势弱、直立性强的品种，每平方米架面可留梢 13～15 个，长势中等的可留梢 10～13 个，长势旺盛的可留梢 7～9 个。

2. 疏枝修剪

把整个枝蔓从基部剪除的修剪方法称为疏枝修剪，简称疏剪。

冬季修剪时，依照树形要求，按一定距离，将选留的主蔓、侧蔓、结果母枝均匀分布在架面上之后，要将过密枝、交叉重叠枝及不成熟枝、细弱枝、枯死枝、病虫枝、无用二次枝疏除。徒长枝的节间长、芽眼瘪，容易造成严重瞎眼，应该将其疏除或重短截，尽量留用充分成熟、芽眼饱满肥大的新梢。疏剪的主要作用有：一是疏去过密枝，改善光照和营养物质的分配。二是疏去老弱枝，留下新壮枝，以保持生长优势。三是疏去生长过强而不充实的徒长枝，留下中庸健壮枝，以均衡树势。四是疏除病虫枝，防止病虫害的危害和蔓延。

疏枝时，剪口要在离基部 1 厘米左右，不要紧贴在基部下剪，以免剪口干缩后影响枝蔓输送养分，待残桩干枯后，再从其基部剪去。

3. 结果枝组的培养与更新修剪

所谓结果枝组，实际是几个结果母枝的组合，是葡萄植株上相对稳定的着生结果枝的部位。健壮的结果母枝组是葡萄稳产、高产的基础。

(1)结果枝组的培养 第一年冬季修剪时，对在主、侧蔓上的结果枝进行留 2～4 个芽短梢修剪，夏季将基部的 1～2 条结果枝疏去花穗，培育成发育枝。目的是调整结果枝与发育枝的比例。翌年冬季修剪时，可将上部枝条疏去，而将基部的枝条再进行留 2～4 个芽的短梢修剪，这样可培养出在夏季有 4 个左右结果枝的小型结果枝组。以后依照空间大小进行调整更新修剪。

如果架面空间较大，在第一年冬季修剪时，采用留 5～7 个芽的中梢修剪，然后混合采用中短梢修剪，则可培养出可着生结果母枝较多的中大型结果枝组。

(2)结果枝组的配置 一般来说，在幼龄期，为迅速扩大树冠，占据空间，主、侧蔓上结果枝组多，每个枝组较小，结果母枝也少。到成龄期，经过逐年调整，结果枝组变少，而每个结果枝组内结果母枝增多，部位也相对稳定。树形不同，配置结果枝组的大小、方式也不尽相同。总之，要随时依照架面空间大小进行调整，长、中、短梢修剪配合使用，既不要使架面有空当，也不要使架面枝条拥挤，导致结果部位外移。

(3)结果枝组的更新 常用的葡萄结果枝组更新修剪方法，有单枝更新和双枝更新 2 种方法，以维持枝组生长势和轮换结果，保证稳定、连续的产量。

①单枝更新 在剪留的 1 条结果母枝上同时考虑结果和更新，不特意留预备枝。将距主蔓较远的结果枝疏除，选距主蔓较近的成熟枝条留 2～3 个芽或留 5～7 个芽短截。翌年将结果后的结果枝再留 2～3 个芽或 5～7 个芽短截，作为结果母枝，每年如此重复进行。可固定结果部位，减缓结果部位外移。单枝更新修剪有重短截单枝更新和中短截单枝更新 2 种。其操作过程如图 2-3 和图 2-4 所示。

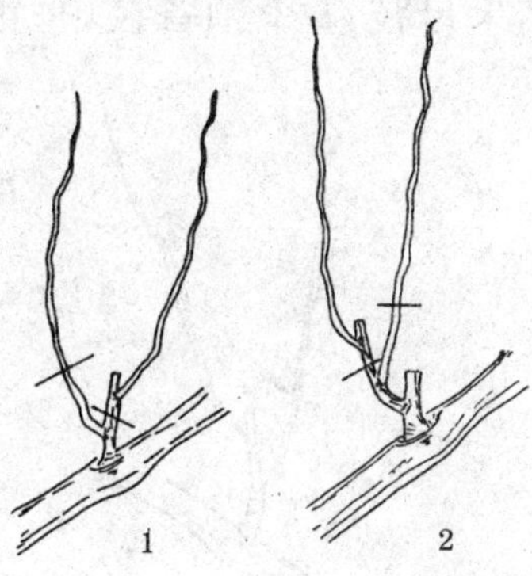

图 2-3 重短截单枝更新

1. 第一年冬季修剪
2. 第二年冬季修剪

②双枝更新 每个结果枝组留 2 个成熟枝，上部枝适当长留，留 5～7 个芽，作为翌

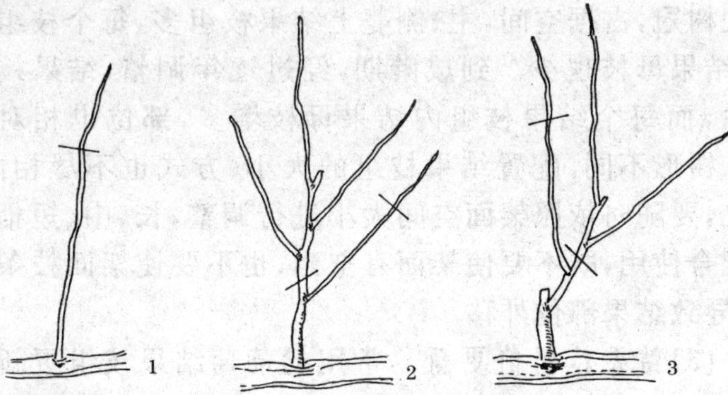

图 2-4　中短截单枝更新

1. 第一年冬季修剪　2. 第二年冬季修剪　3. 第三年冬季修剪

年的结果母枝，下部枝留 2～3 个芽短截，作为预备枝。翌年将结果后的结果母枝全部疏除，从预备枝上再选留 1 个结果母枝，1 个预备枝，每年反复进行（图 2-5）。

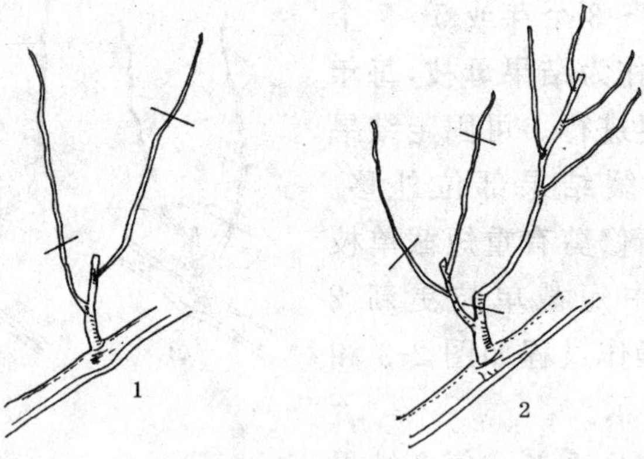

图 2-5　双枝更新

1. 第一年冬季修剪　2. 第二年冬季修剪

4. 枝蔓更新修剪

也可称为缩剪，在葡萄架面的中下部，选留生长良好的枝条，在多年生部位短截，代替架面上部的枝组。

(1)局部更新　对于已经上移到架面以外的枝组，要从基部剪除，选择附近生长健壮的枝组代替其带头。对于先端衰弱、后端仍有较好的结果部位的多年生蔓，回缩到生长强壮的枝蔓上。对于先端尚有好枝而后面光秃的多年生枝蔓，进行压蔓更新，培养新枝蔓结果。对于生长势弱的多年生蔓，若还有结果能力，当基部又无萌蘖代替，可配合对老蔓上的结果母枝短截、竖直绑缚的方法，帮助弱蔓转强，平衡树势，恢复结果能力。总之，通过局部更新使架面经常保持生长健壮的结果母枝，均匀布满的状态(图 2-6)。

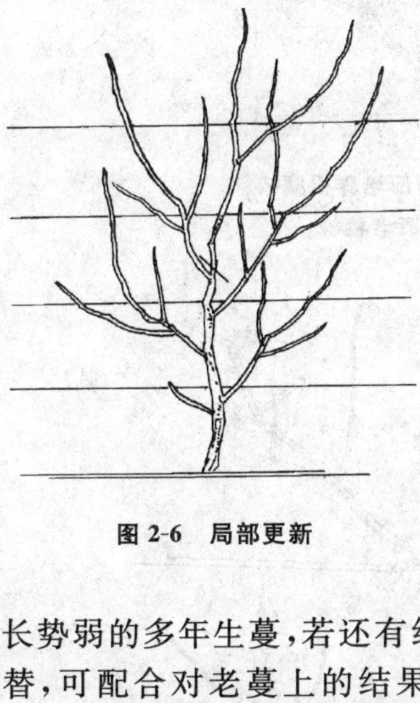

图 2-6　局部更新

(2)整株更新　对于多年生老蔓，若已经没有结果能力，应彻底去掉。培养利用葡萄植株基部萌生的枝条，代替已经衰老的植株(图 2-7)；也可将葡萄植株基部的萌蘖或光秃的老枝蔓压入土壤当中，促使它们萌生根系，使葡萄植株的结果部位降低(图 2-8)。

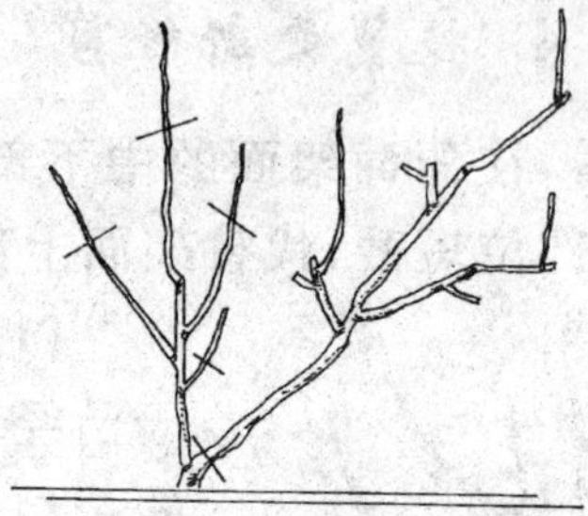

图 2-7　基部培养根蘖枝更新衰老植株

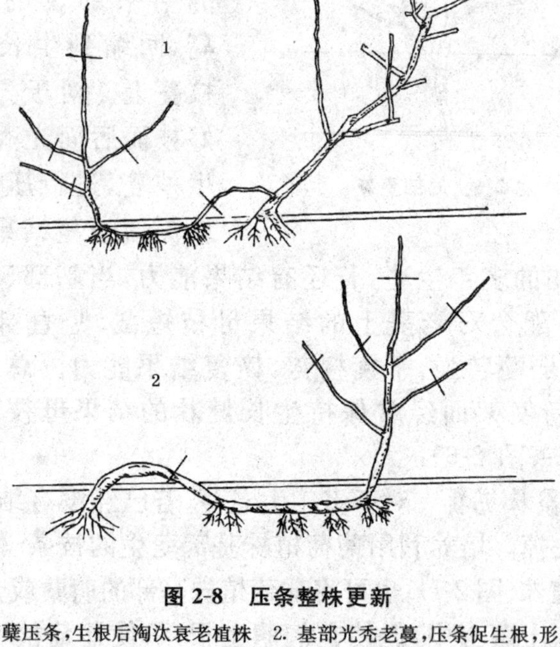

图 2-8　压条整株更新

1. 基部萌蘖压条，生根后淘汰衰老植株　2. 基部光秃老蔓，压条促生根，形成新植株

三、葡萄的夏季修剪技术

葡萄的夏季修剪，实际上是生长期修剪，是指从萌芽至落叶整个生长期的修剪。

1. 抹芽与定梢

在葡萄生长初期，由于枝蔓上的芽萌发多，形成新梢后消耗养分太多，为了有效控制葡萄春季萌芽，节约养分，用手或修枝剪将部分萌动的芽除去称为抹芽。将无用的幼嫩短梢除去则称为定梢。这两种作业意义相同。

(1)去除副芽枝 葡萄的芽是复芽，1 个芽眼内的主芽萌发形成长枝外，副芽往往还能抽生几个短枝，这些短枝应尽早抹除，以节省树体的养分。早春葡萄萌芽后、尚未展叶时，进行第一次抹芽。首先抹掉主蔓基部 50～70 厘米以下的萌芽，形成通风带，以促进架面下部的通风透光。再将枝蔓及结果母枝上基节芽、双芽和三芽中只留下 1 个健壮芽。要注意抹去瘦弱的，留下健壮的；抹去萌发晚的，留下萌发早的；抹去夹生在枝条中间的芽，保留着生部位较好、能顺利生长的芽。

(2)去除地下干萌蘖 在新梢长至 20 厘米左右时，对于植株的地下干长出的萌蘖，除个别需要保留用以更新主蔓的外，其余都要抹除(图 3-1)。

(3)结果母枝定梢 葡萄植株结果母枝上所长出的新梢，通常保留由主芽萌生带有花序的健壮新梢，而将副

图 3-1　去除萌蘖

1. 去除地下部分抽生萌蘖　2. 去除主干基部萌蘖

3. 保留萌蘖，培养主蔓

芽萌生的新梢除去。个别有果穗的副芽新梢，必要时也可留一些(图 3-2)。

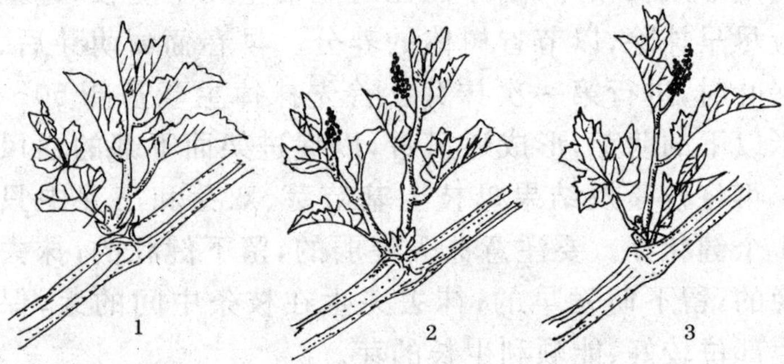

图 3-2　抹　芽

1. 主芽枝、副芽枝均无花序，去除副芽枝

2. 主芽枝、副芽枝均有花序，幼树初果时可全留，成年树去除副芽枝

3. 主芽枝有花序，副芽枝无花序，去除副芽枝

在结果枝较多时，除保留结果母枝前端有花序的新梢作为结果枝外，要将靠近主蔓、位置较低的新梢上的花序去掉，作发育枝用。

(4)架面定梢 架面上新梢过多过密时，要先疏除细弱枝、无果穗的发育枝(图 3-3)。通常结果母枝上保留 2～3 个结果新梢，预备枝上保留 1～2 个新梢。一般每平方米架面留 13～15 个新梢。

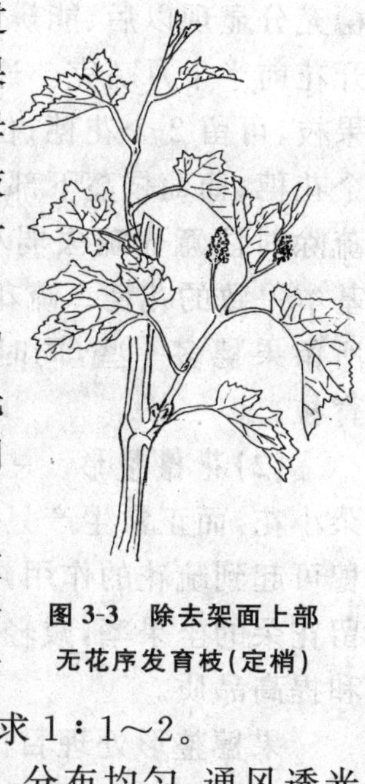

图 3-3 除去架面上部无花序发育枝(定梢)

注意无果穗的发育枝要保留一定的比例，以保证增加植株的光合叶面积，达到适当的叶果比，同时也保证翌年有健壮的结果母枝。不同品种要求的结果枝与发育枝的比例不同，如红地球品种要求结果枝与营养枝比例为 1∶3 以上，而巨峰品种只要求 2∶1，玫瑰香则要求 1∶1～2。

定梢完成后，架面应枝叶丰满、分布均匀、通风透光良好。保证留下的新梢健壮生长，促进果穗良好发育。

2. 花穗管理

花穗管理是葡萄标准化栽培的重要内容，日益受到重视，成为提高葡萄商品价值的重要措施之一。花穗管理主要包括疏花穗、花穗整形和疏果粒等内容。

(1)疏花穗 疏花穗是调节单位面积产量的主要方法。产量过高，不仅会使果实的品质下降，着色不良，含糖量下降，还会使植株当年贮藏养分不足，枝条不够充实，花芽分化不好，抗性低下，影响安全越冬和翌年的产量。

疏花穗的时间原则上宜早不宜迟，必须在全植株花穗充分显现以后、能辨认花穗大小优劣时及时进行，要在开花前半个月疏完。通常位于枝蔓上部生长势强壮的结果枝，可留 2 个花穗；位于中下部发育中等的结果枝留 1 个花穗；葡萄枝蔓下部较弱的、留作预备枝的，不留花穗。疏除时注意先疏去弱小花序和特大花穗，尽量保留大小基本一致的花穗。疏花穗以后保留的花穗要适当比计划所留果穗多一些，同时要根据品种特性有一定比例的发育枝。

(2)花穗整形　一般 1 个葡萄花穗有 1 000 至 1 500 朵小花，而正常生产只需要 50～100 朵小花结果，通过整穗可起到疏花的作用，有利于花期的养分节约，可提高保留花朵的坐果率，减轻落花落果，调节坐果后穗形的大小和提高品质。

果穗整形处理目的在于提高果穗的整齐度，改善果粒色、香、味、形的品质，提高商品竞争力，增加经济效益。果穗除特殊要求外，一般要整成圆锥形或圆柱形。首先应以出现数量最多的大小适中、穗形相仿的果穗作为“标准穗”，稍加修整后作为该品种的“模式穗”，然后依此为标准对其他果穗进行整形。通常在开花前 1 周内，剪除副穗、歧肩，对于较大的小穗剪除或剪去先端部分，同时要掐穗尖。掐穗尖的程度因品种不同有差别，一般掐去花穗的 1/5～1/4(图 3-4)。通常只保留花穗中部 10～20

个小穗。

对于坐果率较高的大粒品种，如红地球品种，一般可采用两种花穗整形的方法。一是在掐除副穗、大歧肩及穗尖之后，对每层小穗采取"有三去一"或"有四去二"的手法，使每层小穗仅保留两个，并使上下两层呈十字交叉。二是对小穗采取留一层去一层的手法。这样可使果粒间保持一定的距离，不拥挤，果穗适当松散。

对于特殊畸形花穗，要尽量依照标准穗形模式进行灵活修整，可以继续培养原主轴为中轴的穗形，也可去除原主轴，培养副穗或大歧肩成新穗。

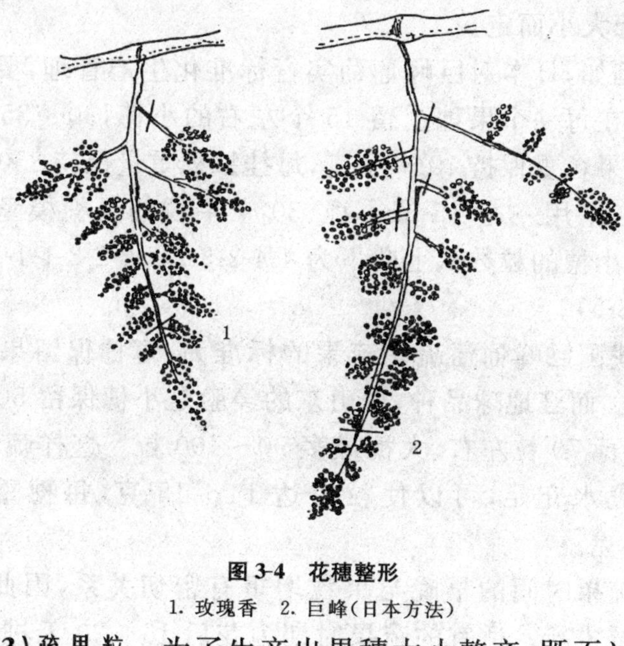

图 3-4 花穗整形

1. 玫瑰香 2. 巨峰(日本方法)

(3)疏果粒 为了生产出果穗大小整齐，既不过于松散，又不过于紧密，松紧度适中，果粒硕大的商品价值高的葡萄果实，还需要将一部分发育较差或过多的果粒疏去，通过限制粒数来促进果粒生长，以达到所要求的标准。对于鲜食品种，这项工作显得尤其重要。

疏果粒可显著地改进果穗和果粒的外观品质，以及提高浆果的内在质量。疏果在谢花3天后进行，应去除受精不良、果柄细长的瘦小果，以及形状不正、受损有残痕、部位不好、过于拥挤的幼果。保留果柄粗长、长圆形、大小均匀、色泽鲜绿的幼果。过于拥挤的果穗也要疏去部分果粒，保持果粒间相互不挤压。果粒数依品种、树势和果穗大小而定。

例如，日本对巨峰葡萄实行标准化生产管理，要求疏果后，在每一个果穗上留15个左右的小穗，30～35个果粒，每果粒重保持10～12克，每挂果穗重量保持350克左右。如果用一个15节小穗、30个果粒的果穗模型来表示，各小穗的粒数从上向下为4-4-3-3-2-2-2-2-2-1-1-1-1-1-1(图3-5)。

我国巨峰葡萄疏花疏果的标准为，每穗保留果30～35粒。而红地球品种，据山东的经验是小穗保留50粒左右、中穗70粒左右、大穗最多90～100粒。这样疏粒后，只要肥水充足，可以使粒重达14～15克，每穗重至少1 000克。

疏果时间的早晚与果粒增重有密切关系，因此疏果应尽早进行。适宜的疏果时期为花后15～20天进行，通常在坐住果后一次完成。也可分两次进行，第一次在果

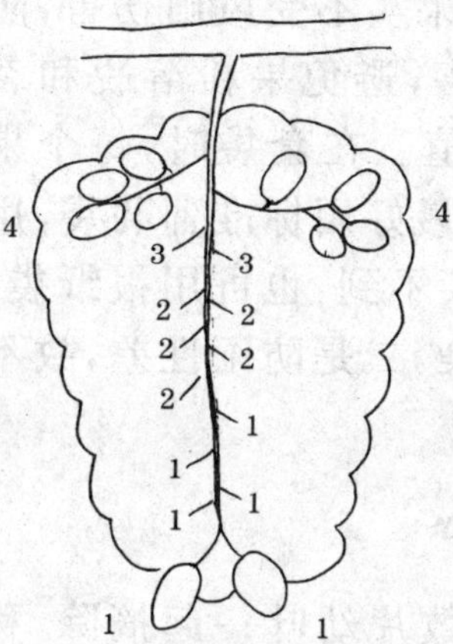

图 3-5 疏粒后整好的巨峰穗形 （柴寿图）
（各节的数字为标准粒数）

实为绿豆大小时进行；第二次定果在黄豆大小时完成。操作要认真细致，不要碰伤果粒。

(4)葡萄的无核化处理 葡萄无核化处理是通过赤霉素等无核剂处理，使有籽葡萄的种粒软化或败育，达到无核、稳产、优质、早熟的目的。

例如，巨峰系品种的赤霉素处理方法：第一次处理时期，整穗后花朵盛开时（80％开放），使用赤霉素 12.5 毫克/升溶液蘸穗。要掌握好时机，如处理过早，果穗易弯曲，落花严重，小青果增加，但过迟处理效果差，有核果比例增加。在花期不一致的情况下，可分 2～3 次处理。第二次处理一般在盛花后 10～20 天处理，赤霉素浓度为 20～25 毫克/升。

不同葡萄品种使用赤霉素的处理时期和浓度也不一样。在大面积使用前，一定要多次试用。据我国多年试验结果，单用赤霉素处理的效果不理想，穗轴易变硬或木质化，无核率也较低。如混用氯苯脲（CPPU）、对氯苯氧乙酸（PCPA）或 6-苄基氨基嘌呤（BAP）等植物生长调节剂后，无核率可提高，效果好。

各科研生产单位配制针对不同品种的葡萄无核剂，成分不同，均比单纯使用赤霉素效果好。

(5)套袋 葡萄套袋可以保护果实不受风雨伤害，防止药剂污染，减轻病害和某些虫害，避免果粉溶脱和裂果，使果穗更加美观，提高商品价值。在套袋时，每个果穗袋都固定在老蔓或架丝上，纸袋最好用标准葡萄袋，用杀菌剂浸过的半透明标准袋。如买不到，也可用报纸袋，但报纸袋一是易因油墨产生铅污染，二是防雨性差，故不提倡。

3. 新梢摘心

将正在生长的新梢梢尖连同数片幼叶一起摘除，称为摘心。

(1)结果枝摘心 结果枝摘心可以暂时抑制顶端生长，促使养分较多地进入花序，从而促进花序发育、增加坐果和减少落花落果。主要应用于那些因养分竞争容易形成严重落花落果的品种，如玫瑰香、巨峰等。

摘心时间应因不同品种、生长势和栽培条件等因素而变化。许多地区的经验表明，玫瑰香和巨峰的新梢摘心宜在花前1周至初花期，以至盛花期进行。

在生产中，人们习惯于以新梢的花序上保留多少叶片，作为摘心程度的依据。摘心后一般在花序上保留4～8片叶(图3-6)。为了控制营养生长、促进坐果，摘心的程度愈重，效果愈明显。但摘心过重，对以后的果实生长和成熟不利。此外，摘心程度与摘心时期和新梢强弱有关，一般来说，摘心时期晚时(如始花期)可比摘心时期早时(如花前1周)摘得重一些；生长势强的可比生长势弱的摘得重一些。

对于一般坐果率较高、在开花期间生长与坐果矛盾不突出的品种，如龙眼、牛奶、白鸡心、黑汗等，结果枝摘心意义不大。

(2)发育枝摘心 对没有花序的发育枝进行摘心（图 3-7），主要依据下列情况来确定摘心时期。

图 3-6 结果枝摘心

①对准备培养为主蔓、侧蔓的发育枝，当其长度达到需要长度时即可摘心。

②对结果母枝上的发育枝，当其生长势过旺、影响到相邻结果枝生长时，可对其进行不同程度的摘心，以控制其生长。

③对准备作为翌年结果母枝用的一般发育枝，通常不进行早期摘心，只有当生长到足够长度时，才对其摘心，限制其延长，同时促进留下的枝芽充实健壮。

④对预备枝上的新梢，要适当晚摘心，以培养成健壮的结果母枝。

⑤为了促发副梢、完成整形时，要适当早摘心。

图 3-7 发育枝摘心

(3)后期重摘心 后期重摘心又称为新梢截顶。当新梢的生长高峰过去，进入缓慢生长期时，进行截顶。其目的是为了促进果实糖分的积累，使果粒膨大，品质提高，同时促进枝条成熟和充实。

截顶的效果首先取决于截顶的时期，截顶过早，新梢生长尚未减慢，容易引发副梢萌发；截顶过迟，则调节养分、促进成熟的作用不明显。其次，截顶的效果取决于截顶的程度，截顶过轻，作用不大；截顶过重，反而会削弱生长势，减少养分积累。

进行后期重摘心时，一般剪除新梢先端 5～6 片发育较小叶片的梢段。

4. 副梢管理

(1)副梢摘心 新梢摘心后，夏芽副梢很快生长出来。对于所生成的多级次副梢，要进行多次摘心处理。

通常对于巨峰、里扎马特和红地球等大穗、大粒鲜食葡萄品种，要将结果枝摘心后新生的顶端 1～2 个副梢，留 4～6 片叶后摘心。对二次副梢，再留 4～6 片叶摘心。对以后形成的各级次副梢，也如此反复进行摘心。这种方法可以保留较多的叶片(图 3-8)。对于酿酒品种的植株，可将新梢顶端 2 次及以后级次的副梢，留 1～2 片叶反复摘心(图 3-9)。

顶端以下的副梢，可根据品种采用不同处理方法。对大穗、大粒品种，果穗以下的副梢全部抹去，果穗以上的副梢，可留 1～2 片叶摘心或采用“留单绝后”的处理方法(图 3-10)，即副梢留 1 片叶摘心，同时将副梢叶腋间的夏芽和冬芽全部抹去。这样，可以促进叶片长大，并避免

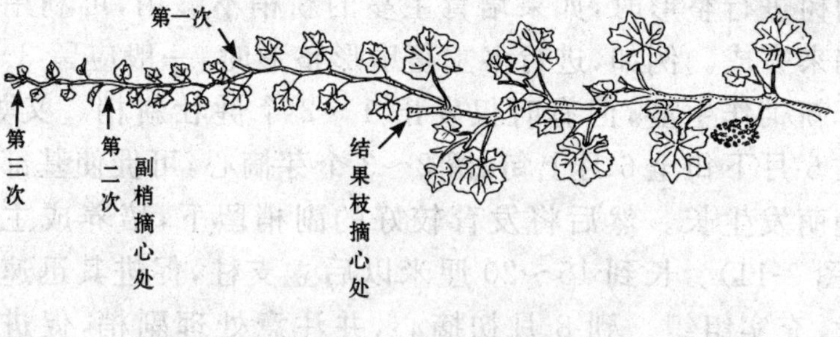

图 3-8 多次副梢处理法

图 3-9 留一片叶反复摘心的副梢处理法

副梢再度萌发。酿酒用葡萄品种的副梢可全部抹除。

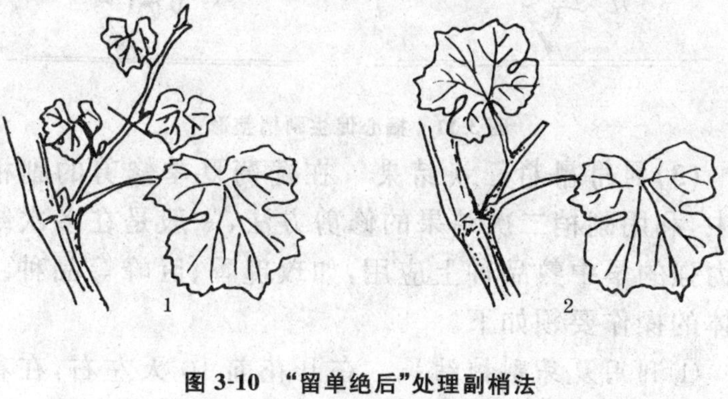

图 3-10 "留单绝后"处理副梢法

1. 留一叶摘心并抹去夏芽和冬芽 2. 留下的叶片长大

(2)利用副梢培养骨干枝,加速成形 对于新栽植的幼树进行整形时，如果培育主蔓的新梢不够用，可利用副梢来完成。例如，进行多主蔓扇形整形时，一般应留3～4个新梢作主蔓，但有时仅发出1～2个健壮新梢。又如，在5月下旬至6月上旬，留2～3个芽摘心，可促使基部副梢萌发生长。然后将发育较好的副梢留下，培养成主蔓（图3-11）。长到15～20厘米以后立支柱，促进其迅速生长、充实组织。到8月初摘心，并注意处理副梢，促进枝条成熟，当年可成形。

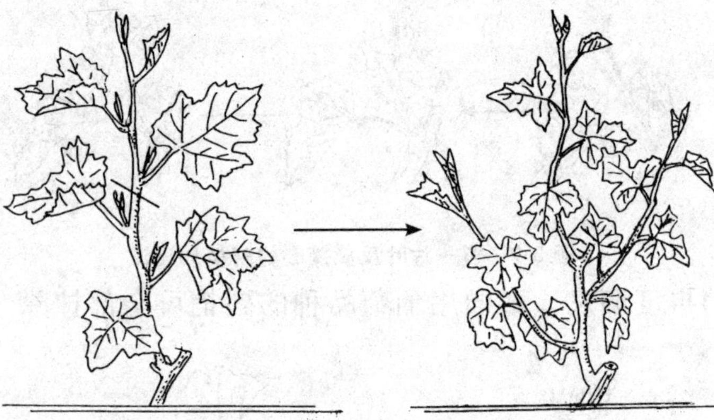

图3-11　摘心促生副梢整形

(3)利用副梢二次结果　在葡萄夏季修剪的副梢处理中，利用副梢二次结果的修剪方法，一般是在多次结果能力强的早中熟品种上应用，如玫瑰香、巨峰等品种。其具体的操作要领如下。

①利用夏芽副梢结果　在开花前10天左右，在花序以上留4～6片叶摘心，保留顶端的2～3个夏芽，将以下各节萌发的副梢全部抹除。顶端的夏芽抽梢后，有花序的在

花序以上留4～6片叶摘心；无花序的留2～3片叶后摘心，促使顶端未萌发的夏芽充分发育，抽枝结果(图3-12)。

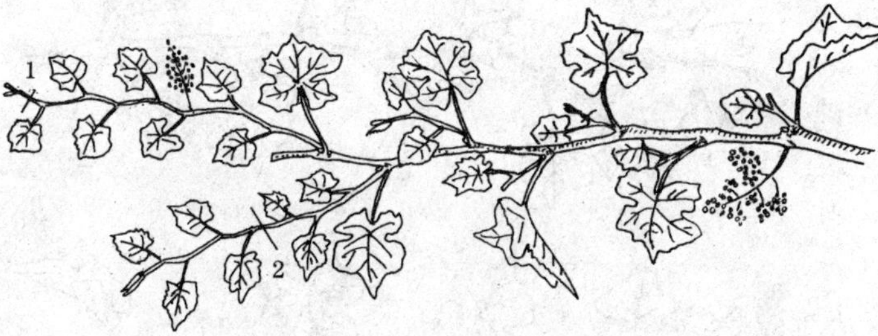

图3-12 利用夏芽副梢结果

1. 有花序副梢在花序上留4～6片叶后摘心
2. 无花序副梢留2～3片叶后摘心

采用这种修剪方法时，要注意选用健壮新梢，并在新梢顶端夏芽尚未萌发时摘心。

②利用冬芽副梢结果　开花前10天左右，在结果蔓的花序上留5～7片叶摘心，暂时保留顶端的1～2个夏芽副梢，其余的疏除。在新梢摘心后20天左右，再将暂时保留于顶端的副梢摘除，迫使冬芽萌发。冬芽二次萌发后，将有花序的副梢留2～4片叶摘心，无花序的疏除，迫使下节冬芽萌发结果(图3-13)。

利用冬芽副梢二次结果技术，除注意选留壮枝外，还应掌握好暂时保留副梢的摘除时间，摘除过早，冬芽分化不好，花序尚未形成；摘除过晚，二次(或三次)果不能成熟。对于这两种情况，都要加以避免。

5. 摘除卷须和老叶

新梢上分生的大量卷须，不仅消耗养分，还因到处缠

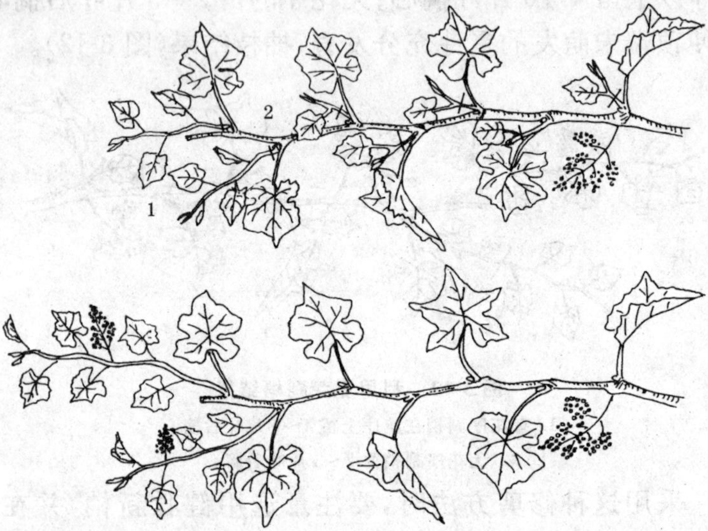

图 3-13　利用冬芽副梢结果

1. 第一次摘心　2. 第二次摘心　3. 二次摘心后迫使冬芽萌发

绕影响新梢和果穗的正常生长，给管理造成不便，在对新梢进行各项管理的同时，应摘除卷须。

到秋季，叶片光合效率下降，对于葡萄晚熟品种，在它的果实成熟以前，可摘除果穗附近的 2～3 片老叶，可改善果穗见光状况，促进果实成熟。

6. 环状剥皮

环状剥皮简称环剥，是果树栽培中常用的技术。操作时，在枝蔓上用刀横向将树皮环状切两道，宽度一般为 0.3～0.5 厘米，然后剥掉完整的一圈皮(图 3-14)。具体操作时期与部位，因目的不同而有所差别。

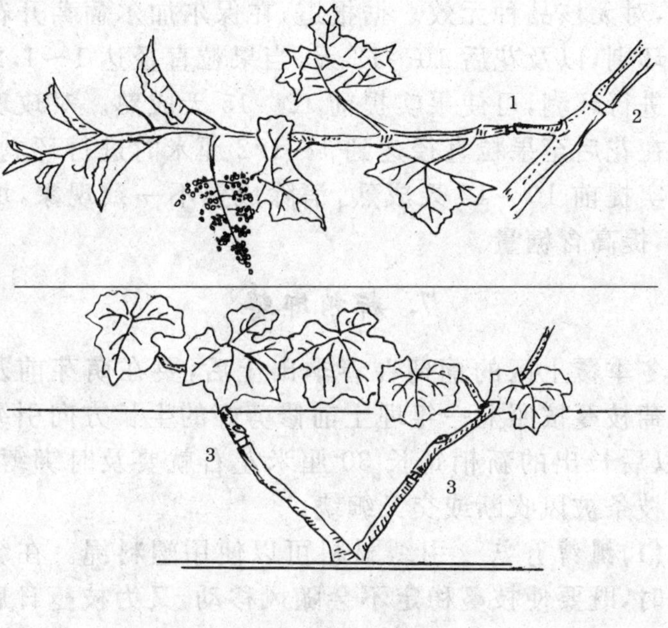

图 3-14 环状剥皮

1. 结果枝环剥处 2. 结果母枝环剥处 3. 主干环剥处

(1)减轻落花落果，促进坐果 因结果枝较嫩脆，易折断，通常在结果母枝上，于开花期进行或花后立即进行环剥。若树势偏旺时，也可在主干上进行环剥。

(2)增大果粒 主要在无核白及其他无核品种上应用，对有核品种作用不明显。一般应在落果终止后立即进行。若推迟环剥时期，则增大果粒的效果减少。应用环剥时要配合疏果，如坐果过多，环剥效果不明显，果实品质下降。

(3)促进早熟 环剥可促进有核品种果实着色、加速成熟，对无核品种无效。据报道，在保尔加尔葡萄开花后进行环剥，以及花后10～12天，当果粒直径达1～1.2厘米时进行环剥，可使果实提前12～15天成熟。对玫瑰香葡萄在花后至果粒直径达到1～1.2厘米时进行环剥，可使果实提前10～12天成熟，消除成熟不一致现象，增大果粒，提高含糖量。

7. 新梢绑缚

冬季覆土区的葡萄在春季出土后，要在萌芽前及时将葡萄枝蔓按照上一年埋土前修剪好的生长方向引缚上架，以后长出的新梢每长30厘米左右就要及时绑缚，以防止枝条被风吹断或交叉缠绕。

(1)绑缚方法 引缚材料可以使用塑料绳。在绑缚新梢时，既要使枝蔓稳定不会随风移动，又为枝蔓日后的加粗生长留出空间。因此，应先将塑料绳在铅丝上绑一个猪蹄死扣，在绑缚枝蔓前再将塑料绳扭转两次成"∞"形，然后将枝蔓绑紧(图3-15)，这样就不会影响枝蔓的正常生长和结实。

近年来，一种用软塑料制作的"新梢绑缚器"得到较广泛的应用，使绑缚新梢的效率得到大幅度的提高，有逐渐代替传统用的各种材料绳来绑缚葡萄的趋势。

(2)利用绑缚调整树势 对葡萄植株生长势较弱的新梢和计划用于更新的新梢，进行直立绑缚，使其直立向上生长，增强生长势。

生长势中庸的结果枝，可倾斜45°，将其顶端引缚在

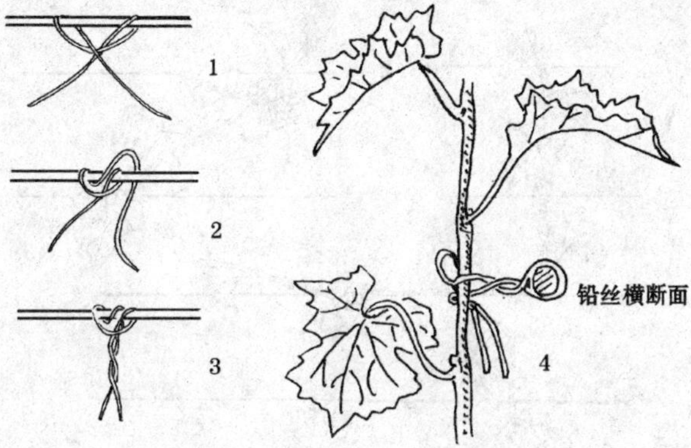

图 3-15 绑缚枝蔓的方法

1. 结猪蹄死扣 2. 再绕铅丝一圈 3. 扭转两圈后再绑缚 4. 绑缚枝蔓

上层铅丝上。生长势强的结果枝，沿铅丝横向拉成水平，将其中上部绑缚在铅丝上。

位于植株上部、生长势极强的结果枝，可将其弯成弓形，以着生花序的 3～6 节为最高点，先端为最低点，绑缚在下层铅丝上（图 3-16）。

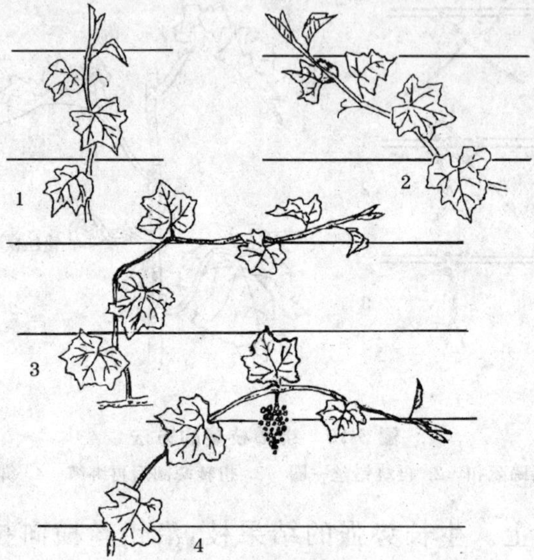

图 3-16　新梢绑缚

1. 直立绑缚　2. 倾斜绑缚　3. 水平绑缚　4. 弯曲绑缚

四、冬季覆土区葡萄整形修剪

1. 篱架多主蔓自然扇形

(1)架式结构　篱架单行排列。行距 200～250 厘米。柱间距离 600～800 厘米。架高 200 厘米,横拉 4 道铅丝,每道相距约 50 厘米(图 4-1 和图 4-2)。

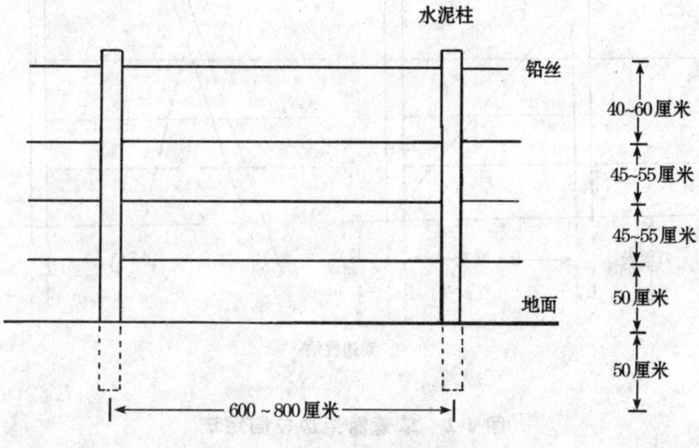

图 4-1　单壁篱架架式

(2)树形特点　树形无主干,主蔓多,无较粗大枝蔓,埋土方便。每株有主蔓 3～4 个,每主蔓有侧蔓 3～4 个。每侧蔓由 1 个结果枝和 1 个预备枝构成。容易成形,枝蔓更新容易,植株芽眼负载量容易调节,通风透光好,早期产量高,便于机械耕作。适于生长势较弱的品种,如玫瑰香、莎巴珍珠、葡萄园皇后等。缺点是修剪技术要求高,

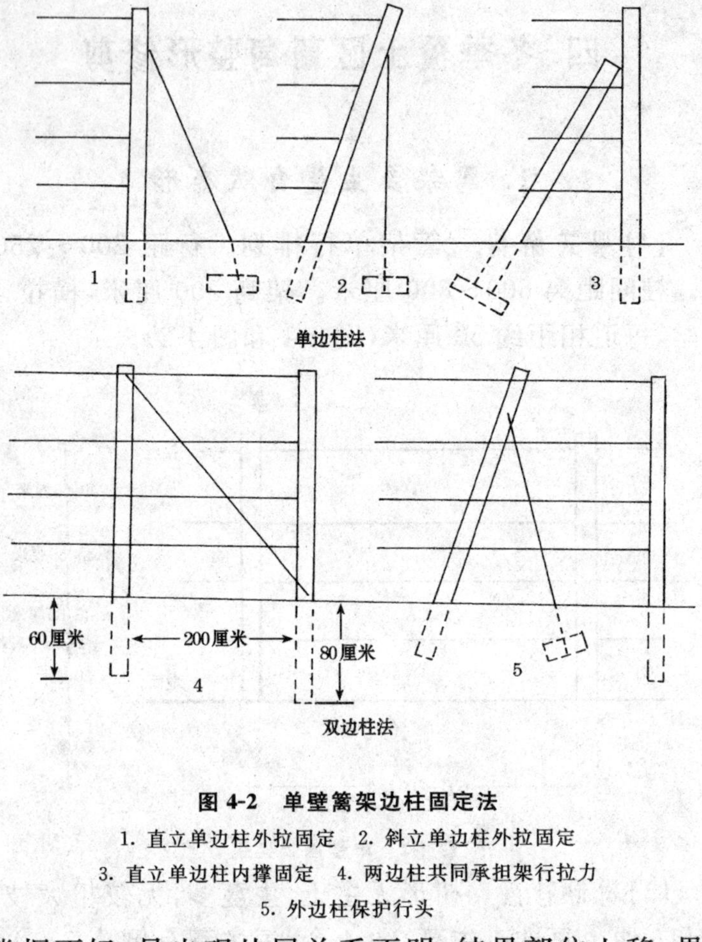

图 4-2　单壁篱架边柱固定法

1. 直立单边柱外拉固定　2. 斜立单边柱外拉固定
3. 直立单边柱内撑固定　4. 两边柱共同承担架行拉力
5. 外边柱保护行头

如掌握不好，易出现从属关系不明、结果部位上移、果实品质不一致等问题。

(3)整形要点　第一年，以 200～250 厘米的株距栽植苗木。萌芽后，选留 3～4 个新梢，长至 80 厘米左右时摘心，萌发的副梢留 2～3 片叶反复摘心。冬季修剪，选留发育健壮，成熟好，粗度达 1～1.5 厘米的枝蔓培育主蔓，留 55～65 厘米短截。其余枝蔓剪留 30 厘米左右。

第二年，每个主蔓上均可长出 3～4 个结果枝。夏季，在花序上留 6～8 片叶摘心。冬季修剪，如第一年主蔓未选够，第二年可继续从基部长出的健壮枝蔓中选留。主蔓上部延长枝粗度达 1～1.5 厘米时，可留芽 7～10 个，作为主蔓延长枝；下部枝蔓发育中等的（粗度 0.8～0.9 厘米），可留芽 4～6 个；粗度 0.6～0.7 厘米时，留 2～3 个芽短截作预备枝。每个主蔓培养侧蔓 2 个。

第三年，以增加结果母枝为主。主蔓上部延长枝粗度达 1～1.5 厘米时，可留 7～10 个芽短截。主蔓相距 40～50 厘米，主蔓上每 15～20 厘米分别留 1 个结果母枝。每个结果母枝附近都要培养和保留 1～2 个预备枝（图 4-3）。

多年生结果母枝每年要控制在第三道铅丝上下，凡超过第三道铅丝的多年生结果母枝，都要及时回缩，选留下部生长良好的枝条代替延长生长。

2. 篱架龙干形

(1)架式结构 同前，行距 200～250 厘米。

(2)树形特点 又称为单主蔓形。每植株仅 1 个主蔓，主蔓呈单轴延伸，其上左、右侧各直接着生有 3 个结果枝组。结果母枝均采用短梢修剪，操作简单，便于推广，并且不会出现结果部位迅速外移现象。如果按要求选留结果母枝，不会造成架面郁闭，因而通风透光条件好，光合效率高，果实品质好。适宜生长势较弱的品种进

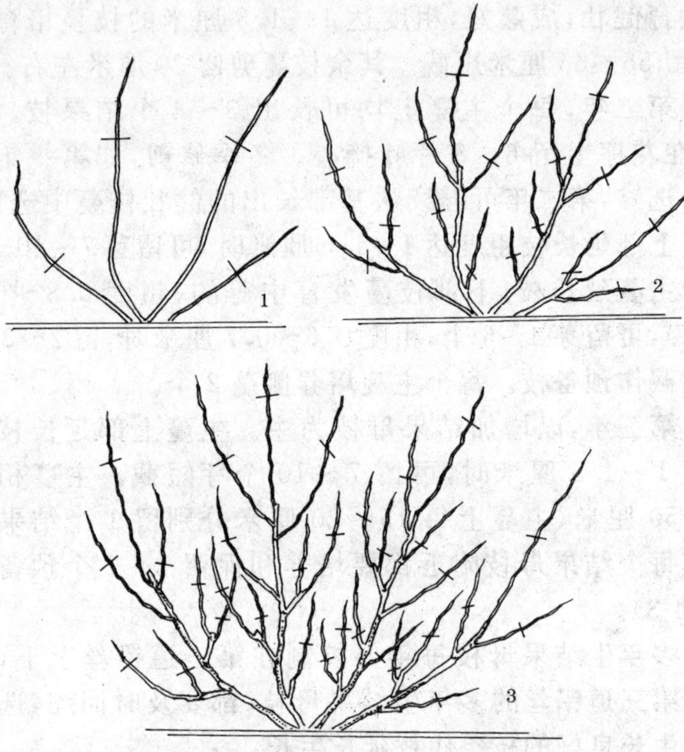

图 4-3　篱架多主蔓自然扇形整形过程

1. 第一年冬　2. 第二年冬　3. 第三年冬

行密植栽培。

(3)整形要点　第一年，以 50 厘米株距栽植苗木。萌芽后，选留 1 个发育健壮的新梢作主蔓。待主蔓长至 100 厘米左右时，将主蔓在 80 厘米处摘心，副梢留 2 片叶反复摘心。冬季修剪时主蔓剪留 60～70 厘米。剪口处枝条直径 1 厘米以上。主蔓粗度不足 1 厘米的要重短截。

主蔓上的副梢全部疏除。

第二年春季，主蔓顶端选留 1 条健壮结果枝作为延长枝。在主蔓上距地面 40～50 厘米处的一侧及对侧向上 10～20 厘米处，各选留 1 个结果枝，作为以后的第一、第二结果枝组。冬季修剪时，延长枝根据发育状况，剪留 60～80 厘米。计划培养结果枝组的枝条，留 2～3 个饱满芽短截。将其余枝条疏除。

第三年、第四年的整形修剪工作与第二年基本相同。在葡萄植株主蔓上再选留 2 个结果枝，培养成结果枝组。每条主蔓共培养 6 个结果枝组，同侧结果枝组相距 40～50 厘米。每个结果枝组留 1 个结果母枝和 1 个预备枝，采用单枝更新方法更新结果枝(图 4-4)。

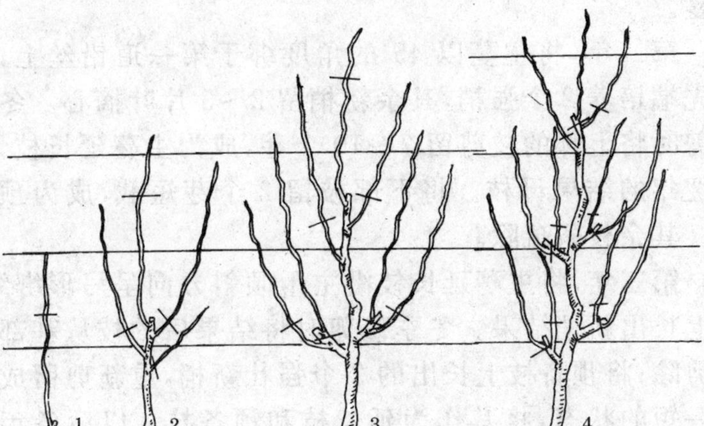

图 4-4　篱架龙干形整形过程

1. 第一年冬　2. 第二年冬　3. 第三年冬　4. 第四年冬

(4)提高结果枝基部花芽的措施　一是主蔓延长枝

冬剪带不留副梢，有的副梢要及早剪除。二是延长枝采取一次性摘心，即达到70～80厘米时摘心。三是花前1周，对结果枝的果穗以上留5～9片叶摘心。结果梢上不留副梢。四是注意合理绑梢，改善架面通风透光条件。

3. 篱架斜主干居约形

(1)架式结构 同前。

(2)树形特点 篱架斜主干居约形，由法国的居约氏(Guyot)所设计。为主干倾斜的单枝组小株形。适宜较贫瘠、干旱和密植葡萄园采用。

(3)整形要点 第一年，培养一个强壮新梢，使其成熟度良好。冬季修剪时，留70～80厘米后短截，培养成主蔓。

第二年，将主蔓以45°的角度绑于第一道铅丝上，并在先端培养2个强梢，其余新梢留2～3片叶摘心。冬季修剪时将上部的枝剪留7～10个芽，成为主蔓延长枝，也是翌年的结果母枝。将下部枝留2个芽短截，成为预备枝。其余枝条疏除。

第三年，将主蔓延长枝沿主干倾斜方向呈弓形绑缚，其上长出新梢结果。冬季修剪时将结果后的枝从基部完全剪除；将预备枝上长出的2个强壮新梢，重新剪留成一长一短的状态，将其作为延长枝和预备枝。以后各年的修剪照此进行(图4-5)。

4. 倾斜小棚架多主蔓扇形

(1)架式结构 棚架共4排支柱，各排相距约200厘

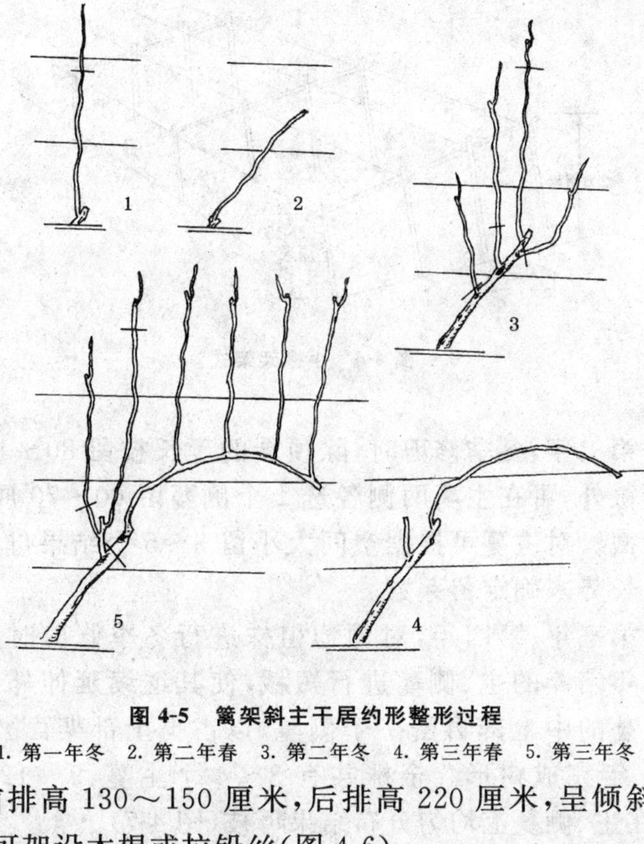

图 4-5　篱架斜主干居约形整形过程

1. 第一年冬　2. 第二年春　3. 第二年冬　4. 第三年春　5. 第三年冬

米，前排高 130～150 厘米，后排高 220 厘米，呈倾斜状。上面可架设木棍或拉铅丝(图 4-6)。

(2)树形特点　倾斜小棚架多主蔓扇形架面较短，可充分利用地形。株形较小，结果早，便于更新。适宜生长势中强的葡萄品种采用，如保尔加尔、黑鸡心和红玫瑰等。

(3)整形要点　第一年，葡萄苗木发芽后，选 3～4 个健壮新梢培养主蔓。冬季修剪时，留 60～80 厘米长后

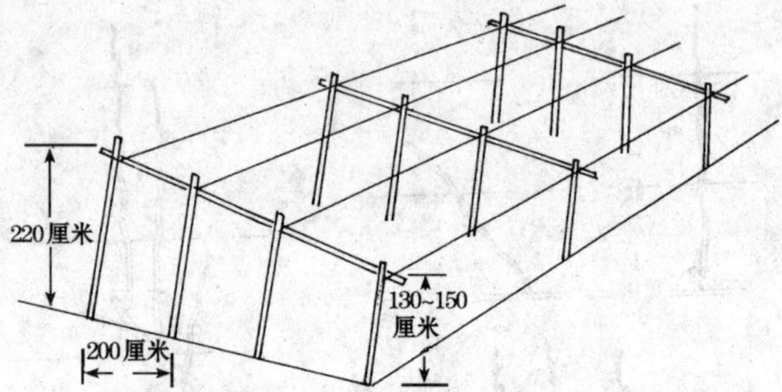

图 4-6　小棚架架式

短截。

第二年，冬季修剪时，除顶端的延长枝留 80～100 厘米短截外，可在主蔓两侧各选 1 个侧蔓留 60～70 厘米长后短截。对主蔓可根据空间大小留 3～5 个结果母枝，根据生长势来确定留芽数。

第三年、第四年，对葡萄植株进行冬季修剪时，除对前两年培养的主、侧蔓进行短截，使其继续延伸外，还可在主蔓的中上部再留一个侧蔓，以占据上部架面。经过 3～4 年完成树形。全株共有 3～4 个主蔓，9～12 个侧蔓，在主、侧蔓上均匀分布结果母枝(图 4-7)。

5. 篱棚架多主蔓扇形

(1)架式结构　在棚架前面有高 150～170 厘米的篱架面，再倾斜向一个方向延伸成棚架面，后架高约 200 厘米(图 4-8)。行距 600～800 厘米。

(2)树形特点　篱棚架兼有篱架与棚架的优点：篱架面结果早、通风透光好，有利于早期丰产，棚架面有利于

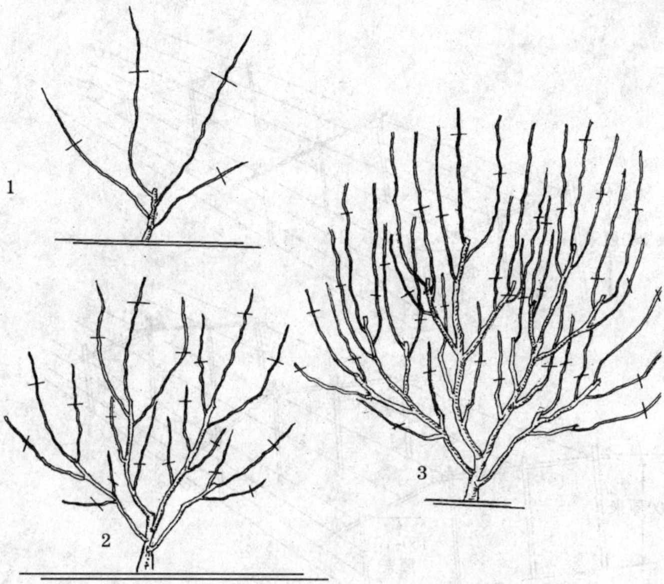

图 4-7　倾斜小棚架多主蔓扇形整形过程

1. 第一年冬　2. 第二年冬　3. 第三年冬

缓和树势，使营养生长与结果相对平衡，是盛果期葡萄的主要结果部位。篱棚架多主蔓扇形葡萄植株，兼有篱架和棚架两个架面，架面大，株形大，单位面积产量高，行距较宽，便于覆土防寒，适宜生长势中等和生长势较强品种，如龙眼、无核黑等品种。

(3)整形要点　第一年，以 200～250 厘米株距栽植葡萄苗木。选留生长健壮的主蔓 3～5 个，冬季修剪时剪留 6～8 个芽。

第二年，在各个主蔓上选留 1 个侧蔓，主蔓延长枝留 13～15 个芽，侧蔓留 6～8 个芽。

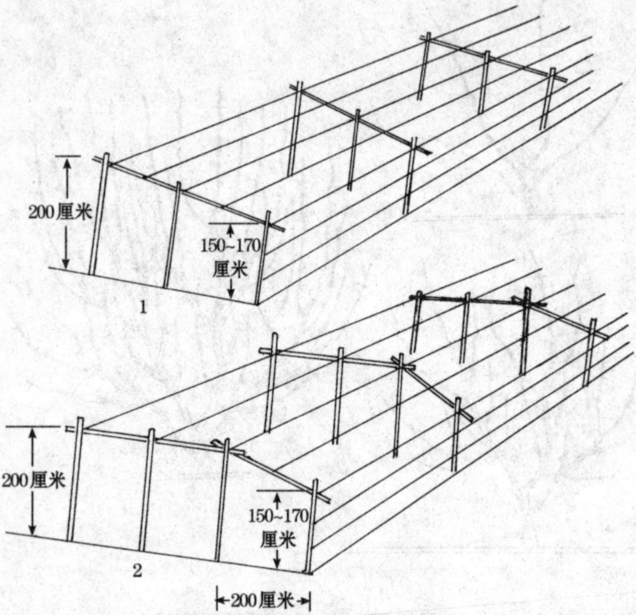

图 4-8　篱棚架架式

1. 单棚架面式　2. 双棚架面式

第三年，各个主蔓再选留侧蔓 1～2 个。主蔓延长枝留 15～20 个芽，侧蔓延长蔓留 10～15 个芽，新选的侧蔓留 6～8 个芽。至此树形基本完成。

棚架葡萄的冬季修剪以长中梢修剪为主，做到长、中、短梢相结合。主、侧蔓的延长蔓一般留芽 15 个左右，结果母枝生长强的不超过 10～12 个芽、中等的留 7～9 个芽、弱的留 1～2 个芽，或从基部疏去。新、老蔓间要保持一定的间距，使枝蔓均匀地分布在架面上，每平方米留芽 45～55 个。要留一定的预备枝，注意结果母枝和主、侧蔓的更新。葡萄幼龄树预备枝不能留得过多，以免使篱架面拥挤，影响通风透光，棚架面不能迅速发育枝条；成龄树要及时更新老蔓，防止结果部位上移。

6. 独龙杠形

(1)架式结构 架式简单，整株葡萄留一个主蔓，下面用带叉的木棍支起，呈龙状，故名“独龙杠架”。

(2)树形特点 结构简单，树体大小灵活，架式省材，管理省工，便于埋土防寒。架面光照充足，易于密植，产量高，品质好，可以充分利用山坡。是适宜北方丘陵山区栽培葡萄采用的一种树形。

(3)整形要点 第一年，栽植的苗木萌芽后，选留 1～2 个健壮枝蔓，对其余的进行重摘心。如选 2 个枝蔓时，可分向两个相反方向。枝蔓长至 120～150 厘米时摘心，副梢留 5～6 片叶后摘心，以促使主蔓生长充实。冬季修剪时，将基部枝蔓及主蔓 80 厘米以下的副梢全部疏除，上部副梢留 1 个芽后短截。

第二年，春季出土后，将主蔓用支架支起，发芽后部分枝蔓开始着生果穗。在主蔓前端选留 1 个较好的枝蔓使其延长，长至 120～150 厘米时再摘心。冬季修剪时，主蔓留 80～100 厘米，为保证主蔓上有均匀密布的结果部位，副梢剪留 1 个芽。翌年按同样方法进行管理和修剪，一般经过 3～5 年，即可完成整形(图 4-9)。

在冬季修剪时，对当年生枝蔓只留 1 个芽后短剪。由于对结果母蔓每年进行极短梢修剪，所以形成了固定的结果部位，称为“龙爪”。龙爪的间距为 30 厘米左右。

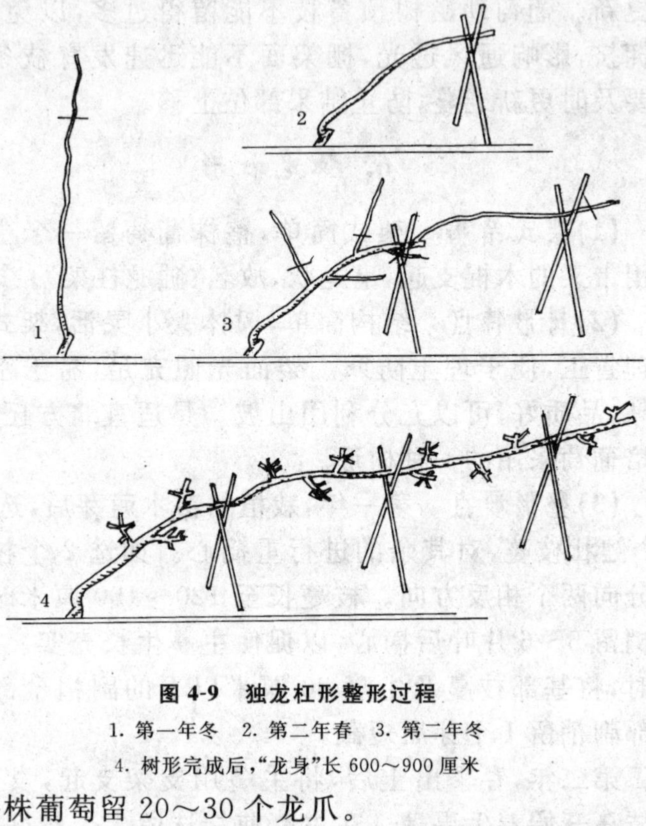

图 4-9 独龙杠形整形过程

1. 第一年冬 2. 第二年春 3. 第二年冬

4. 树形完成后，"龙身"长 600～900 厘米

一般每株葡萄留 20～30 个龙爪。

夏季修剪要勤，一般 6 月上旬开始，看枝蔓生长快慢，每隔 10～15 天摘心 1 次。不论品种，不论结果枝或发育枝，均留 7～8 片叶，约 60 厘米长时摘心。如龙眼一般在 5～6 节处结果，在果穗上留 1～2 片叶摘心。所有副梢均留 1～2 片叶后摘心，到 8 月上旬结束。以后进行 1 次摘老叶，并疏除萌蘖、秋梢。

7.“Y”形架水平平行双主蔓形

(1)架式结构 行距 270 厘米，沿栽植沟的中心线，每隔 500～600 厘米立 1 根高 180 厘米的水泥柱，在水泥柱距地面 90 厘米、125 厘米、170 厘米处，分别固定 50 厘米、70 厘米、80 厘米长的横杠，方向与行向垂直。横杠上距两端 2 厘米处打眼，穿 12 号铅丝。在距地面 60 厘米高处围水泥柱水平拉两道 10 号铅丝，作为第一道架丝(图 4-10)。

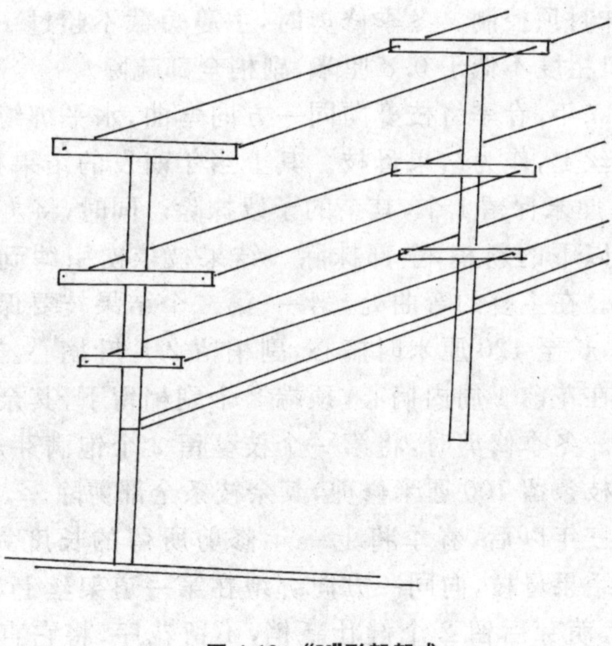

图 4-10 “Y”形架架式

(2)树形特点 这种“Y”形水平平行双主蔓形，为天津市林业果树研究所提出。它综合了传统棚架和篱架的优点，管理简便，省工，便于机械化管理。

(3) 整形要点 第一年，顺行向以行距 20 厘米、株距 100 厘米，平行栽植葡萄苗木 2 行。春季每株留 1 个强壮新梢作主蔓，当长至 150 厘米高时进行第一次摘心，修剪至 140 厘米。第二次摘心为植株长至 160 厘米时，修剪至 155 厘米。第三次摘心为植株长至 170 厘米时，修剪至 160 厘米，以后每 2 片叶摘心 1 次。副梢摘心第一次留 2～3 片叶，以后次生副梢每 2 片叶摘心 1 次。到 8 月中旬，植株封顶控制。冬季修剪时，主蔓短截不超过 160 厘米，剪口粗度不低于 0.8 厘米，副梢全部疏除。

第二年，春季将枝蔓向同一方向弯曲，水平绑缚在第一道架丝上，作为结果母枝。其上当年萌发的结果枝，每 15～20 厘米保留 1 个，其余的予以抹除。同时，将主干 60 厘米处以下的新梢，全部抹除。结果枝依次引缚到上部架丝上。在主蔓的弯曲处，第一、第二个结果枝要保证旺盛生长，长至 120 厘米时摘心，副梢留 2 片叶摘心。其他结果枝在花前 1 周内摘心，顶端 2 个副梢留下，其余的予以抹除。冬季修剪时，将第一个枝蔓留 2 个饱满芽短截，第二个枝条留 100 厘米修剪，其余枝条全部剪除。

第三年以后，春季将上一年修剪所留的长度为 100 厘米的结果母枝，向同一方向绑缚在第一道架丝上，短剪的枝蔓，萌芽后留 2 个健壮新梢，不留花序，将它直立向上引缚。当它延长生长至 120 厘米时，对主梢摘心。其副梢和其他结果枝的修剪方法同上一年。冬季修剪时，将直立绑缚的枝蔓，上一个剪留 100 厘米，下一个剪留 2 个饱满芽(图 4-11)。

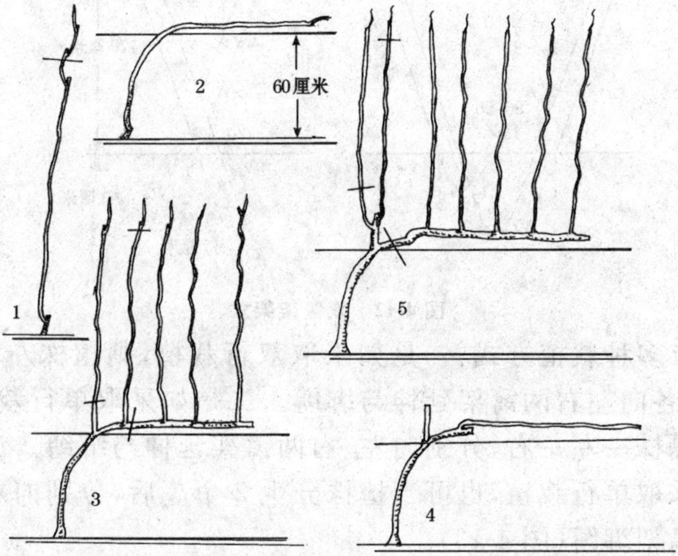

图 4-11 "Y"形架水平平行双母蔓形整形过程

1. 第一年冬 2. 第二年春 3. 第二年冬 4. 第三年春 5. 第三年冬

8. 双篱架扇形及双篱架龙干形

(1)架式结构 沿行向建立的两排相互靠近的单篱架，为改善光照条件，多向外倾斜，横断面成"V"形(图 4-12)。

(2)树形特点 单位面积的有效架面增大，单位面积产量高。但田间管理稍有不便。

(3)整形要点 与篱架扇形和篱架龙干形基本相同。

采用双篱架扇形及双篱架龙干形整形方式，葡萄苗

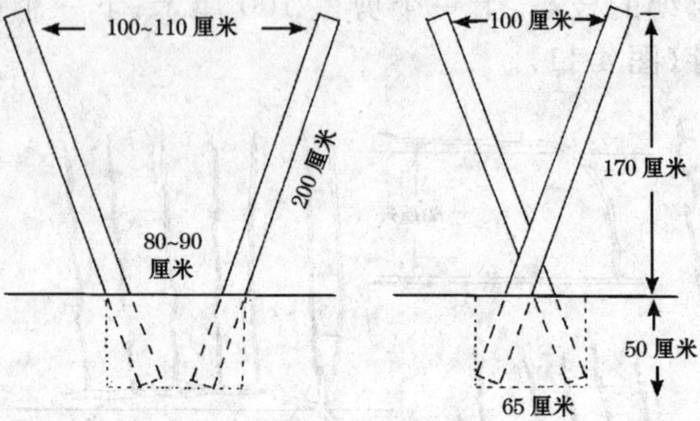

图 4-12　双篱架架式

木有多种栽植方式：一是如采取双行栽植，则植株左右 2 行，各向左右两篱架延伸与绑缚。二是如采取单行栽植，可隔株一左一右，分别向左、右两篱架延伸与绑缚。三是如采取单行栽植，也可当植株分生 2 个蔓后，分别向左右两篱架绑缚(图 4-13)。

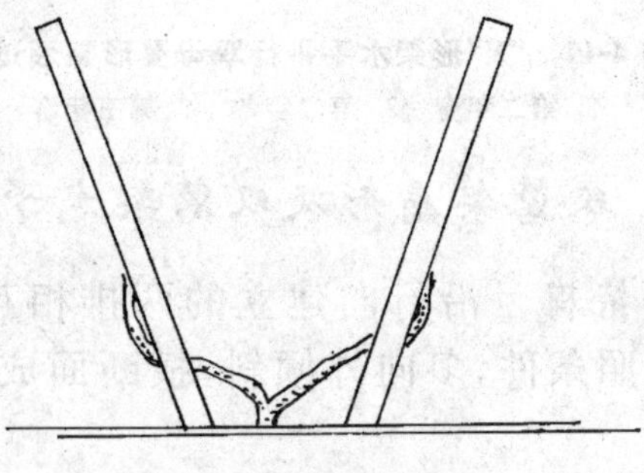

图 4-13　双篱架整形方式

五、冬季不覆土区葡萄整形修剪

冬季不覆土越冬区大多在夏季高温多雨地区，采用高、宽、垂的整形方式，有葡萄品质好、产量高、病害轻、光能利用率高及管理省工等特点。这种方式兼有棚架和篱架的优点，日益受到栽培者的重视。所谓高、宽、垂的整形方式，是指高主干（150～240 厘米）、宽行距（300～400 厘米）、新梢自然下垂的整形方式。许多架式都可采用这种方式。

1. 篱架单干双主蔓形

(1)架式结构 普通篱架。

(2)树形特点 在无果穗的第一层铅丝下培育一条主干，较节省养分，通风透光好，产量稳定，果实品质好，管理方便。

(3)整形要点 第一年，将葡萄苗木以 50～100 厘米株距进行栽植，萌芽后，选留 1 个健壮新梢培养主干，其余留 1～2 片叶摘心。新梢长至 50 厘米左右时，绑缚到第一道铅丝上。新梢长至 70 厘米左右时，摘心到 60 厘米，促发副梢，保留顶端左右 2 个副梢，其余留 1～2 片叶摘心。顶端 2 个副梢长至 30～40 厘米时摘心，促进成熟，如有二次副梢，留 2～3 片叶反复摘心。冬季修剪时，顶端 2 个副梢留 3～4 个饱满芽短截，剪口芽向上，作为主蔓培养，其余副梢疏除。

第二年，将主蔓第一芽发出的新梢，直立向上引缚，作为主蔓培养，外侧注意留 1 个健壮新梢，作为第一枝组培养，如有花序，保留一序，在花序上 6～8 片叶处摘心。冬季修剪时，主蔓延长枝剪留 40～60 厘米，第一枝组留 2～3 个芽后短截。

第三年，采用同样方法，再向上培养一层枝组。

葡萄篱架单干双主蔓树形完成后，2 个主蔓共有结果枝组 8～12 个(图 5-1)。

2. 篱架水平单主蔓形

(1)架式结构 单排篱架。架杆高 180～200 厘米。第一道铅丝距地面 80～120 厘米，上面再均匀拉一道铅丝(图 5-2)。

(2)树形特点 将植株 1 个主蔓的上部，水平绑缚在第一道架丝上。在水平部分分布结果枝组，向上生长。干高可有多种变化。如结果枝向两边分绑时，架式也可使用“T”形架和“Y”形架。

(3)整形要点 第一年，葡萄苗木栽植后，可立 1 根竹竿，选留健壮新梢，培养 1 个直立主蔓，冬季修剪时，留高度为 180 厘米。

第二年，春季将主蔓弯曲绑缚到第一道架丝上，成水平状态。然后在其上选留 3～4 个结果枝，将其直立向上绑缚。冬季修剪时，留 2～3 个芽后短截。

第三年，每个结果母枝留 1 个结果枝结果，冬季修剪时，再短截留 2～3 个芽，以后每年连续极短梢修剪。也可在春季留 1 个作结果枝，1 个作预备枝。冬季修剪时，

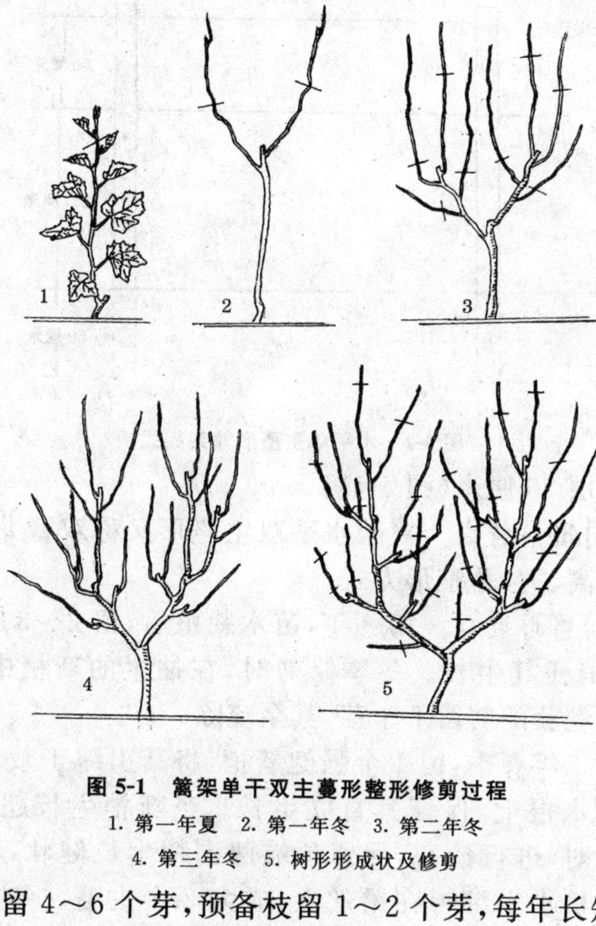

图 5-1　篱架单干双主蔓形整形修剪过程

1. 第一年夏　2. 第一年冬　3. 第二年冬

4. 第三年冬　5. 树形形成状及修剪

结果枝留 4～6 个芽，预备枝留 1～2 个芽，每年长短梢混合修剪(图 5-3)。

3. 篱架水平双主蔓形

(1)架式结构　设 180 厘米高篱架。其上 3 层铅丝，第一层距地面 120 厘米，第二层距第一层 25 厘米，第三层

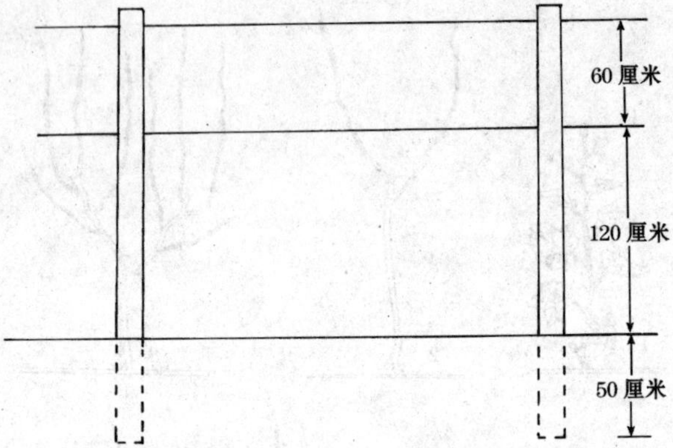

图 5-2 水平单主蔓形篱架架式

距第二层 30 厘米(图 5-4)。

(2)树形特点 篱架水平双主蔓形又称双臂龙干形，为一种高、宽、垂整形方式。

(3)整形要点 第一年，苗木栽植后，留 2～3 个饱满芽，新梢任其生长。冬季修剪时，在抽生的新梢中，选 2 个生长健壮的剪留 2 个芽，其余疏除。

第二年春季，留 1 个强健新梢，将其引缚于栽在植株旁边的木棍上，保证其直立生长。当新梢生长超过 120 厘米长时，进行摘心，保留顶端两副梢生长健壮，然后将先端副梢水平绑缚在铅丝上，成为 2 个主蔓。冬季修剪时短截，注意剪口下枝条粗度应为 0.9～1 厘米。

第三年，植株开始结果，注意将 2 个主蔓下面长出的新梢抹除，只留上面长出的新梢，相距 20～30 厘米；对双主蔓分杈弯曲处及其下面长出的新梢一律抹除。新梢引缚到第二道铅丝上。冬季修剪时，将新梢均留 2～3 个芽后短截，

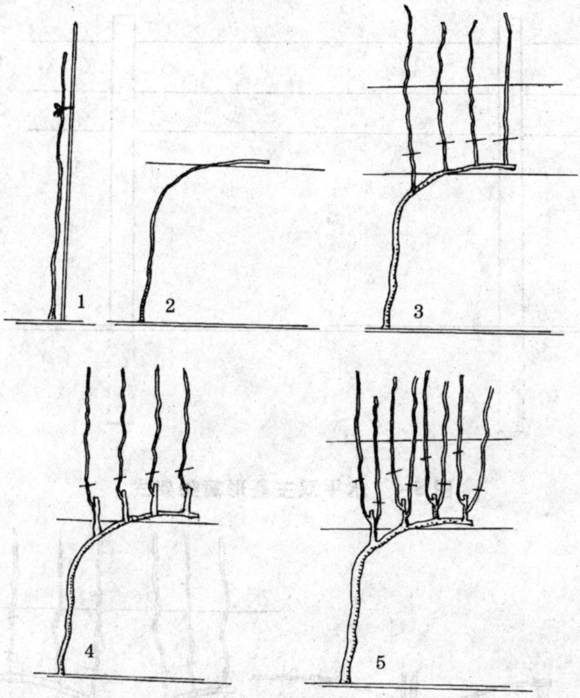

图 5-3　篱架水平单主蔓形整形修剪过程

1. 第一年冬　2. 第二年春　3. 第二年冬

4. 第三年冬(处理法之一)　5. 第三年冬(处理法之二)

以形成短梢枝组(图 5-5)。以后各年照此短梢修剪。

4. 篱架“个”字形

(1)架式结构　篱架“个”字形是一种普通篱架。行距 170～200 厘米,柱高 200 厘米,由上向下每隔 50 厘米拉 1 道铅丝,共拉 3 道铅丝。

(2)树形特点　该葡萄树形有 1 个直立主干,2 个主

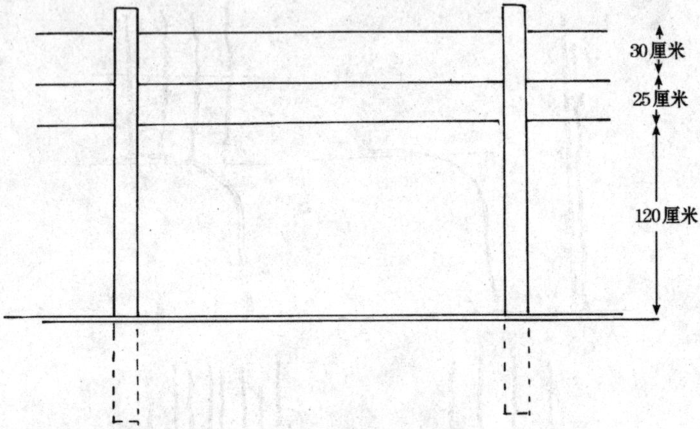

图 5-4　水平双主蔓形篱架架式

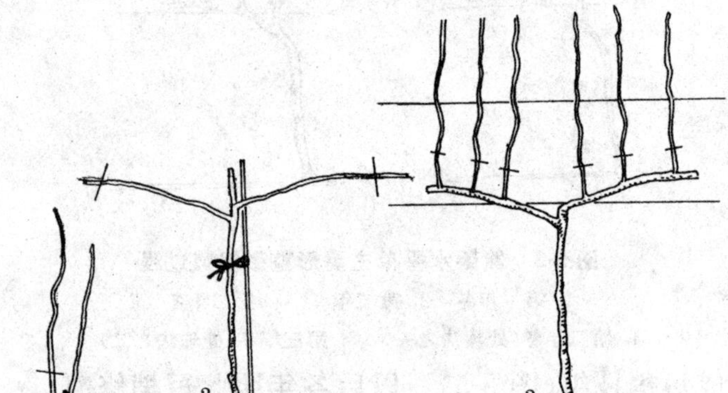

图 5-5　篱架水平双主蔓形整形修剪过程

1. 第一年冬　2. 第二年冬　3. 第三年冬

蔓向斜下方倾斜。株形小，结果早，可适度密植。

(3)整形要点　第一年，以 170～200 厘米株距栽植葡萄苗木。苗木发芽后留 1 个强壮新梢培养主干，直立引缚于立柱上，秋季可长至 170 厘米高。冬季在第三道架丝上剪截。

第二年，顶部选 2 个强壮新梢，直立绑缚，其余新梢可结果控制。冬季修剪时，将由顶部 2 个芽长成的枝蔓，剪留 100～120 厘米，向左右斜下方绑缚，作为结果母枝。其余将结过果的枝蔓疏除。

第三年，2 个结果母枝上发出的结果枝，自由下垂结果。冬季修剪时，将其留 2～3 个芽短截，进行单枝更新（图 5-6）。

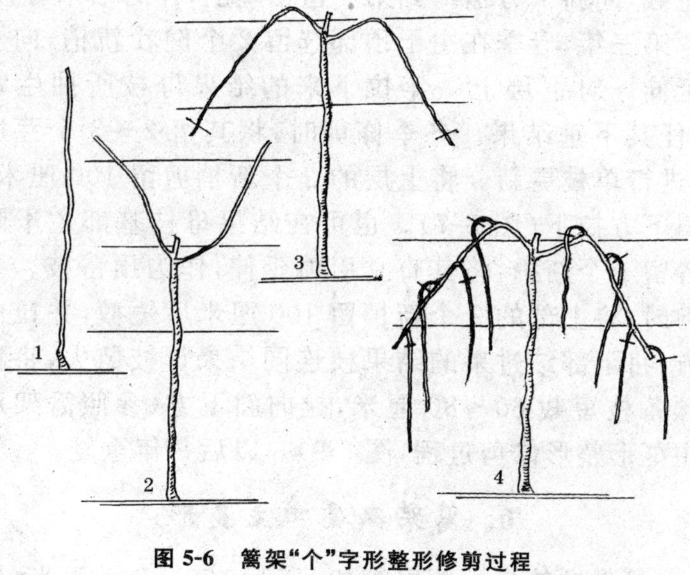

图 5-6 篱架“个”字形整形修剪过程

1. 第一年冬 2. 第二年冬 3. 第三年春 4. 第三年冬

5. 篱架双层“个”字形

(1)架式结构 普通篱架，拉 4 道铅丝。

(2)树形特点 篱架双层"个"字形的树形特点，同"个"字形。一个直立主干，4 个主蔓向斜下方倾斜。株形小，结果早，可适度密植。

(3)整形要点 第一年，苗木栽植后，留 2～3 个芽短截，培养 1 个健壮主蔓，冬季修剪时，将其剪留 100 厘米左右。

第二年，春季选留顶部 3 个新梢，直立引缚于铅丝上，使其健壮生长。冬季修剪时，最上面的新梢短截 60 厘米，作为主干延长枝。将下边的两个留 60～80 厘米长后短截，向斜下方引缚到第一道铅丝上，作为结果母枝。

第三年，春季在主干顶部选留 2 个健壮新梢，向上引缚延伸。对下层上一年拉下来的结果母枝所抽生结果枝，任其下垂结果。冬季修剪时，将其留 2～3 个芽后短截，进行单枝更新。将上层的 2 个新梢剪留 100 厘米后，向斜下方拉下（图 5-7）。也可在结果母枝基部主干附近处各留 1 个新梢，将其直立引缚延伸，作为预备枝。冬季修剪时，将上部的 2 个新梢留 100 厘米后短截，并拉向斜下方；将下部结过果的结果枝连同结果母枝剪去，将预留的预备枝短截 60～80 厘米，拉向斜下方（参照篱架双层四主蔓形整形修剪过程，图 5-9）。以后每年重复。

6. 篱架双层四主蔓形

(1)架式结构 单层篱架，行距 170～200 厘米，柱高 200 厘米，在距地 100 厘米和 200 厘米高度各拉 1 道铅丝（图 5-8）。

(2)树形特点 篱架双层四主蔓形又称四主蔓尼芬形

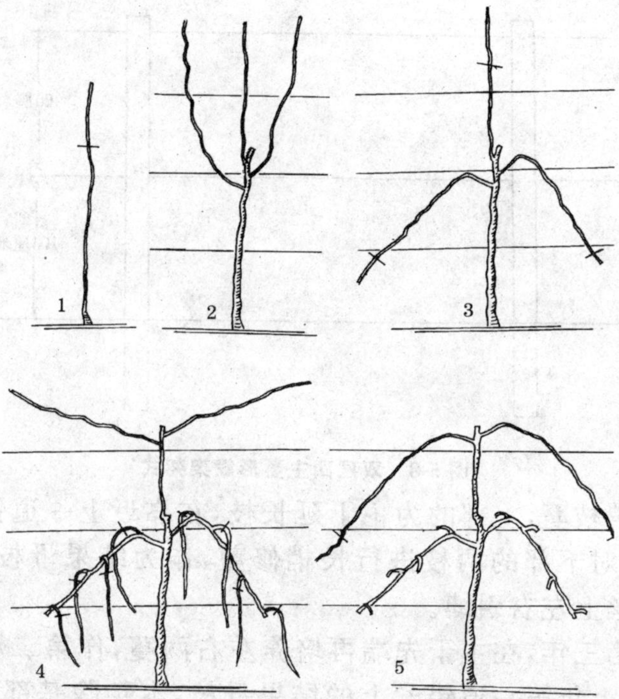

图 5-7 篱架双层"个"字形整形修剪过程

1. 第一年冬 2. 第二年春 3. 第二年冬 4. 第三年春 5. 第三年冬

(Four-cane kniffin system),适宜生长势强的品种采用。

(3)整形要点 第一年,以 170～200 厘米的株距栽植苗木。发芽后留一强壮新梢作主干,于夏季直立引缚于立柱上,秋季可长至 170 厘米高。冬季在第一道铅丝上剪截。

第二年,从多数新梢中选顶部 3 个好芽做直立绑缚,将其余新梢摘心控制。冬季修剪时,由顶部 3 个芽长成

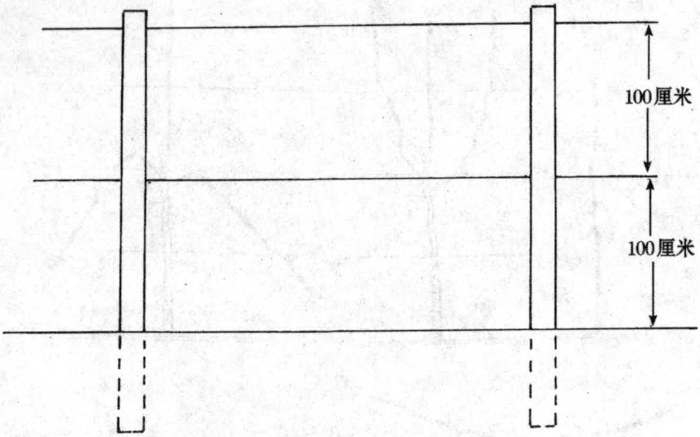

图 5-8　双层四主蔓形篱架架式

的新梢枝蔓，上部的为主干延长枝，在靠近上一道铅丝处剪截，对下部的两枝进行长梢修剪，作为结果母枝，在下部铅丝上左右引缚。

第三年，在主干先端再培养左右两蔓，作第二层结果母枝，上年第一道铅丝上的结果母枝，本年除基部各留 1 个直立绑缚作预备枝培养外，所抽生的多数结果枝，任其下垂结果。

第四年，完成整形，两层均能结果。每年需在 4 个结果母枝基部培养 4 个预备枝，来更新结果母枝。为保持上、下层平衡，采用上层结果母枝长留、下层短留的方法，通过结果量来调节(图 5-9)。

7. 篱架三层六主蔓形

(1)架式结构　三层六主蔓形篱架，为三道铅丝篱架，架高 180～200 厘米，各道铅丝相距 60 厘米左右。

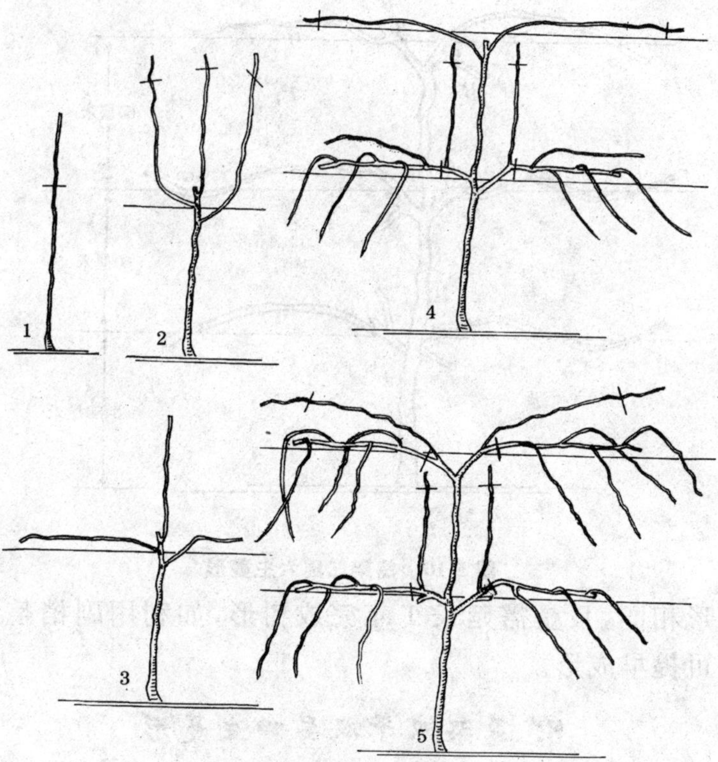

图 5-9　篱架双层四主蔓形整形修剪过程

1. 第一年冬　2. 第二年冬　3. 第三年春　4. 第三年冬　5. 第四年冬

(2) 树形特点　该树形又称六主蔓尼芬形(Six-cane kniffinsy stem)。它与双层四主蔓形基本相似,不同处只是由 6 个主蔓架在 3 道铅丝上,加上 6 个短截为 1～2 个芽的预备枝(图 5-10)。

(3) 整形要点　该树形的整形要点,基本与双层四主

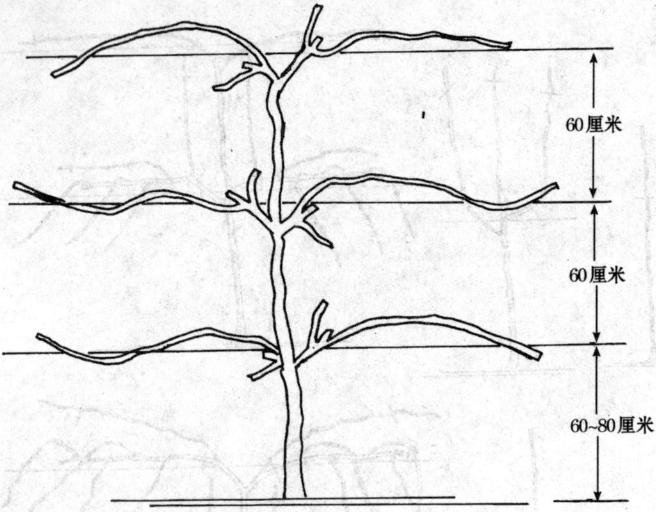

图 5-10　篱架三层六主蔓形

蔓形相同，只是需延长 1 年完成树形，如利用副梢整形，则可提早成形。

8. 篱架双干双层四主蔓形

(1)架式结构　篱架，架高 180～200 厘米。上布 4 道铅丝，第一道距地面 30 厘米，以上各铅丝距离分别为 50 厘米、50 厘米、50～70 厘米。

(2)树形特点　这是罗马尼亚采用的葡萄树形。它有两层主蔓，下层主蔓每年埋土越冬，在上层枝芽受冻时，可由下层枝蔓获得部分产量。

(3)整形要点　第一年，葡萄苗木萌发后，培养 2 个直立的主蔓。冬季修剪时，较强的短截 180 厘米，较弱的短截 30 厘米。

第二年，在葡萄植株 2 个主蔓的顶端分别培养两个直立新梢。冬季修剪时，4 个主蔓分别留 60～80 厘米后短截，并引缚到架丝上，拉成水平状，成为结果母枝，将其余的枝条疏去。

第三年，在 4 个主蔓上抽生的结果枝，让上层主蔓上的结果枝自然下垂，将下层主蔓上的结果枝向上引缚。冬季修剪时，可全部留 2～3 个芽后短截(图 5-11)。

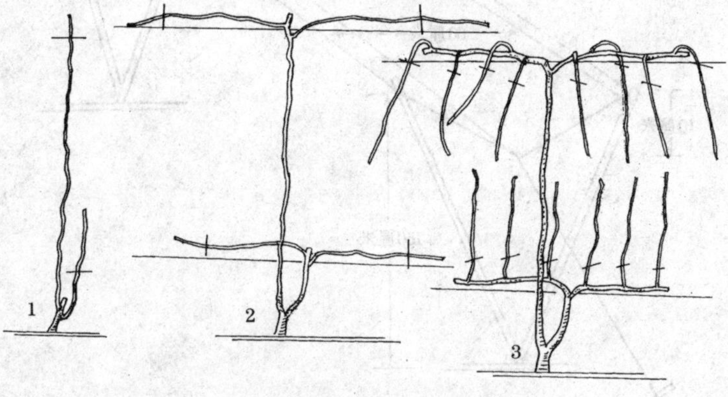

图 5-11　篱架双干双层四主蔓形

1. 第一年冬　2. 第二年冬　3. 第三年冬

此树形的两个主干，也可来自两棵植株，即在春季，近距离栽植两株苗木，各培养 1 个主蔓。

9. 三线水槽形

(1)架式结构　每相距 700 厘米立支柱 2 根，使之成“V”形，柱顶距地面约 150 厘米，两柱顶相距 60 厘米左右。柱顶上各拉1根铅丝,并于两柱中心向下再拉1根铅丝,使之约低于顶端铅丝10厘米,构成所谓的“三线水槽形”架式(图5-12)。此架式又称孟松形(Munson-strainingsy stem),为美国葡萄学家孟松氏所创。

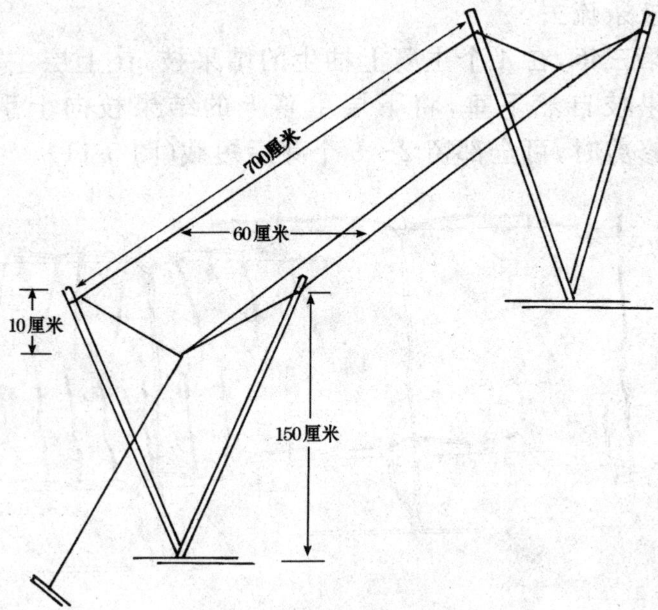

图5-12 三线水槽形架式

(2)树形特点 每株可留结果母枝2～4个,水平引缚在中间下层铅丝上,结果枝向两边分开,悬置于上层两道等高平行的铅丝上,先端使其自然下垂。

(3)整形要点 第一年,将葡萄苗木以170～230厘米株距栽植。每株培养1个直立主干,冬季修剪时,留150厘米长后短截。

第二年春季，在主干顶端选留2～4个健壮新梢，进行培养。冬季修剪时，将所选新梢剪留80～110厘米，然后水平引缚到下层架丝上，作为结果母枝。

第三年，在结果母枝上隔20厘米左右留1个结果枝，结果枝左右分别搭挂在上层架丝上，先端自然下垂。冬季修剪时，结果枝留2～3个芽短截，进行单枝更新。

10. 杰尼瓦双帘式

(1)架式结构 杰尼瓦双帘形架式，与三线水槽形架式相似，立柱高180～240厘米，第一道铅丝与其他2道平行铅丝的距离为36厘米，其他2道平行铅丝间距60～120厘米(图5-13)。此式最早由美国纽约州杰尼瓦(Geneva)地方的州立农业试验站使用，因其新梢成双帘下垂，故名(Genevadouble curtain system)。

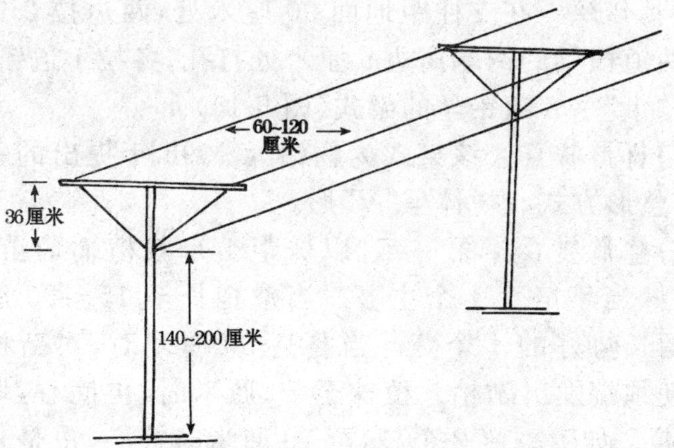

图5-13 杰尼瓦双帘式架式

(2)树形特点 这种树形比三线水槽形枝蔓提高，树形扩大，新梢基部上引的距离增加。

(3)整形要点 基本与三线水槽形相同。

11. 双“十”字“V”形架

(1)架式结构 这种双“十”字“V”形由架柱及2根横梁与6道铅丝组成。其架设过程如下。

①立支柱 行距250～280厘米，柱距400厘米。柱长250厘米，埋入土中50厘米，柱高要一致，每行两头的支柱向外倾斜30°左右，并牵引锚石。

②架横梁 分别在支柱距地面115厘米处与150厘米处，架设2根横梁，下横梁长60厘米，上横梁长80～100厘米，横梁两边等宽。

③拉铅丝 在支柱距地面90厘米处，两边拉2道铅丝，在两道横梁的两端离边5厘米处打孔，各拉1道铅丝。形成双“十”字6道铅丝的架式(图5-14)。

(2)树形特点 该架式为杨治元1995年提出的一种高宽垂整形方式。树体呈“V”形。

(3)整形要点 第一年，以株距1米栽植葡萄苗木。要求植株当年培育4个主蔓。当嫩梢长至15～20厘米时，选留长势好的1个蔓。当蔓高50厘米时，对新梢摘心，促使顶端发出副梢。植株至70厘米时，再摘心，培育4个主蔓。如春季留2个蔓，至70厘米时摘心，也是4个蔓。当这4个主蔓长至150厘米左右时，再摘心，促使增粗，对发出的副梢留1片叶后摘心。冬季修剪时，根据已

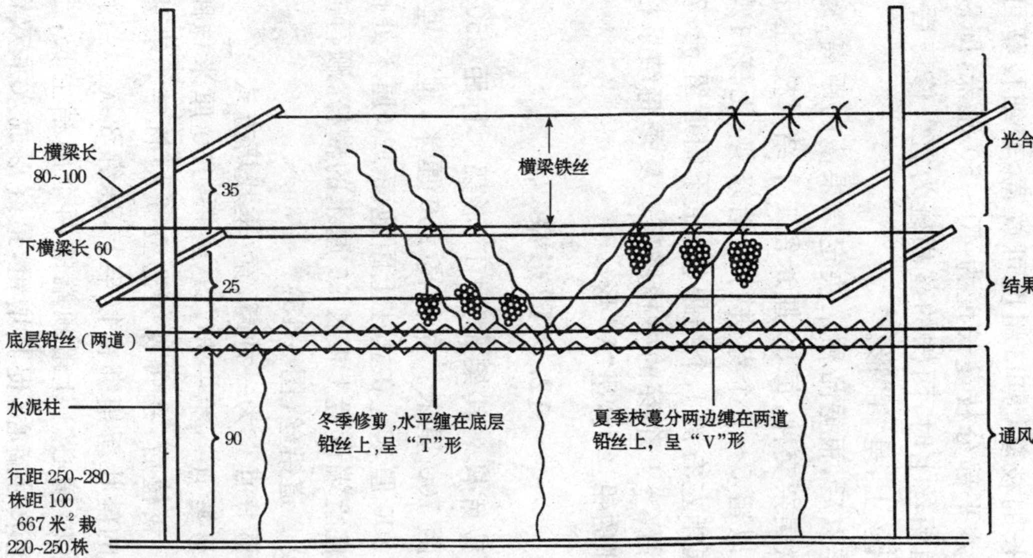

图 5-14 双"十"字"V"形架模式图（杨治元，1995；单位：厘米）

形成主蔓的粗度进行修剪，剪口径粗0.8～1厘米。对长势好、特别长的枝蔓，剪口粗度可放宽，较细枝蔓可放至0.7厘米。水平部分枝蔓长度为40～50厘米，即以绑缚在底层2道铅丝上时，两株的蔓相碰为宜。修剪后，绑缚到第一道铅丝上，呈"T"形。

第二年以后，根据品种来决定结果蔓的距离，藤稔葡萄及多数欧美杂交种，每50厘米留1个结果枝，主干附近留4个枝，以留5～7个芽进行中梢修剪；无核白鸡心葡萄，每30厘米左右留1个结果枝，主干附近留6～7个结果枝，进行留7～9个芽的中梢修剪。夏季将结果枝分别绑缚到上部的铅丝上，呈"V"形。

12. "T"形架

(1)架式结构 其架式为"T"形架。行距250～300厘米，立柱距700厘米。立柱高250厘米，地下埋50厘米，地上高200厘米。在立柱上距地面120厘米处拉1道铅丝，在立柱上端设置1根长90厘米的横杆，顺行向在横杆上再架设2道铅丝(图5-15)。

(2)树形特点 为一种高、宽、垂栽培方式。

(3)整形要点 第一年，以100～150厘米株距栽植葡萄苗木。栽植后，在每株旁边立1根竹竿。春季萌芽后，把选留的健壮新梢绑在竹竿上，连绑3次。当新梢长至100厘米时摘心。让最顶端的两个副梢生长，当副梢长至100厘米时摘心，促其增粗，最终形成水平双臂。对水平双臂上萌发的副梢，要及时抹去；对主干上发出的副梢留单叶后摘心或全部抹去。冬季修剪时，水平两臂留

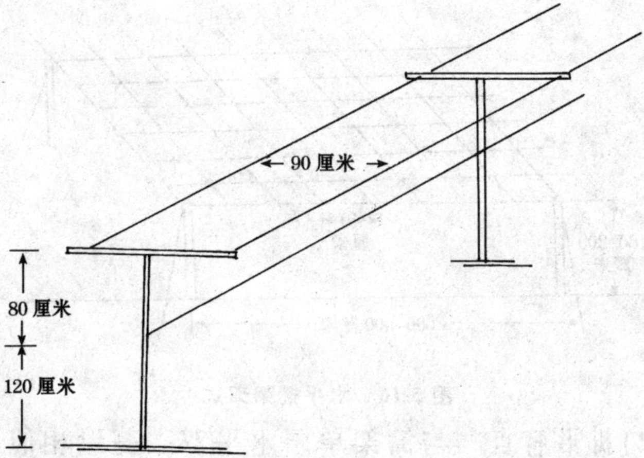

图 5-15 “T”形架式

50～75 厘米长后短截，将副梢全部疏除。

第二年，植株开始结果。双臂上的结果枝，引向两侧生长，并逐渐引缚到上部的铅丝上，当结果蔓长出架后，便自然下垂生长。同侧的结果蔓要保持 20 厘米的间隔距离。冬季修剪时，可按照品种，或留 2～3 个芽短截，如瑞必尔、绯红等品种的植株，或使长、中、短结果枝结合，剪成结果枝组，如红地球、美人指等品种的植株。

13. 水平棚架“一”字形

(1)架式结构 水平大棚架的角柱和边柱，采用坚固耐用的钢筋方形水泥柱，中间用水泥柱或竹竿支撑。边柱距离 400～500 厘米，棚高 175～200 厘米。四周及边柱对拉线，均用 8 号铅丝，边柱对拉线之间用 14 号铅丝编成间距 40～50 厘米的网格(图 5-16)。

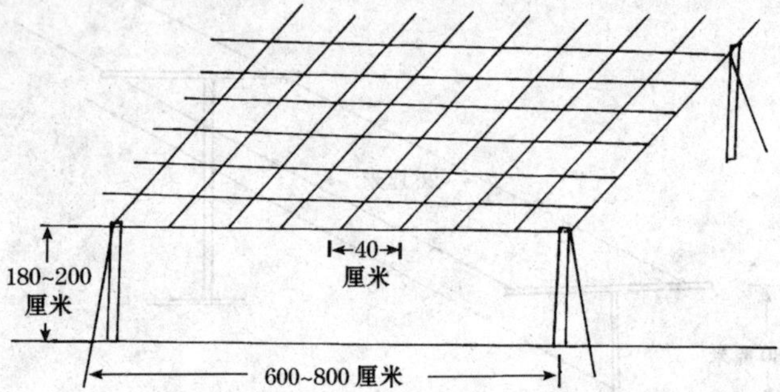

图 5-16　水平棚架架式

(2)树形特点　与篱架单层水平双主蔓形相似，从直立的主干上水平分生 2 个长主蔓，呈笔直的"一"字形水平，在其上面均匀地分布一系列短梢结果枝组。

(3)整形要点　第一年，葡萄苗木栽植后，每株培养 1 个强健新梢，冬季将其引缚于棚架上，根据枝条的充实程度进行短截，副梢疏去，以形成第一主蔓。

第二年，于生长期在第一主蔓上距棚架 30～50 厘米处，向相反方向培养 1～2 个新梢，作为第二主蔓预备枝，将其下部的新梢疏去。第一主蔓上部的新梢分别向两侧引缚，延长梢留 10～15 片叶摘心。冬剪时，对第一主蔓的延长枝进行适度短截，将其他新梢剪留 1～2 个芽，使其成为短结果母枝。从第二主蔓预备枝中选 1 个位置合适、长势强健的新梢作为第二主蔓，进行适度短截，并将另 1 个疏去。

第三年，基本成形。对所留的 2 个主蔓继续延长，达到计划长度后不再延长(图 5-17)。对所留的短结果母枝进行更新修剪。以后修剪方法相同。相邻两行植株的主蔓之间相距 200 厘米。

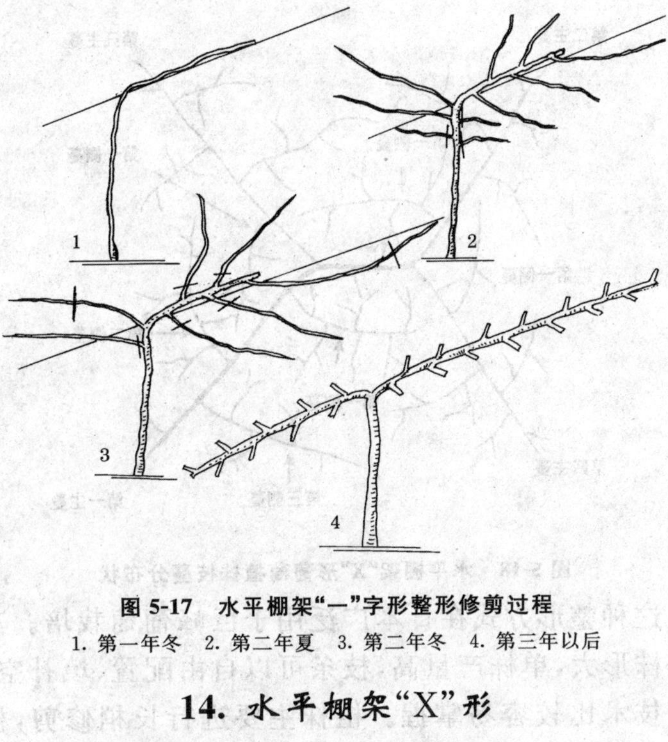

图 5-17 水平棚架"一"字形整形修剪过程

1. 第一年冬 2. 第二年夏 3. 第二年冬 4. 第三年以后

14. 水平棚架"X"形

(1)架式结构 同前。

(2)树形特点 葡萄植株有 1 个直立主干，高达棚架面，在其上向四周分出 4 个主蔓，呈"X"形。主蔓、副主蔓和侧蔓等各级骨干枝之间保持清楚的从属关系。4 个主蔓的生长势比例为：第一主蔓与第二主蔓为 6∶4，第二与第三主蔓相等，第三主蔓与第四主蔓的比例也是 6∶4。

第一主蔓与第三主蔓之间及第二与第四主蔓之间的角度为100°～110°。每个主蔓配置2～3个侧蔓,其上再配置副侧蔓和结果母枝,结果枝在棚面上均衡分布(图5-18)。

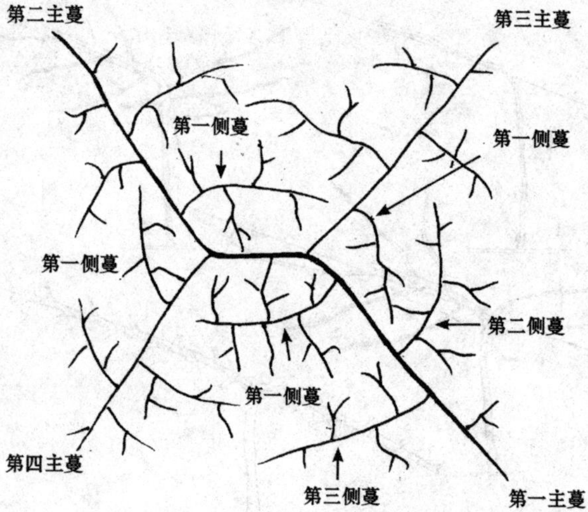

图 5-18　水平棚架"X"形葡萄植株枝蔓分布状

这种整形方式在日本广泛用于巨峰葡萄栽培。其特点是株形大,单株产量高,枝条可以自由配置、填补空缺,修剪技术比较容易掌握。植株主要进行长梢修剪,枝蔓水平分布,生长比较缓和,极性表现不明显,树势稳定,有助于提高巨峰的结实率。此外,结果部位远离地面,可减轻病害。但早期产量低。

(3)整形要点　第一年,春季栽植葡萄苗木,留1个健壮新梢直立向上生长,侧面副梢留2～3片叶摘心,以辅养主梢。主梢长至棚下30厘米处。利用副梢分枝形成方向相反的 2 个主蔓，即第一主蔓和第二主蔓。8 月下旬对主蔓进行摘心，棚上的副梢留 8～10 片叶反复摘心，棚下的副梢留 2～3 片叶摘心。冬季修剪时，主蔓剪留到饱满芽处。棚下的副梢全部疏除，棚上的副梢看成熟程度留芽。

第二年，主蔓前端留 1 个新梢，沿棚面水平方向笔直生长，对其余新梢留 4～6 片叶摘心。当这 2 个主蔓生长达 200 厘米长后，在其上离主干 120～130 厘米处再分杈形成第三主蔓和第四主蔓。

第三年、第四年，在主蔓上离基部 200～250 厘米处，配置第一副主蔓。隔 100 厘米远，再配置第二副主蔓。在主蔓基部还需配置辅养枝。使整个棚面得到有效的利用(图 5-19)。

由于新梢生长强弱有别，其整形过程也相应地有快有慢。

15. 水平棚架"H"形

(1)架式结构　同前。

(2)树形特点　由葡萄植株的直立主干，向两侧分出 4 个主蔓，在棚面上的排列好像"H"形。每一主蔓长 500～700 厘米，"H"形的一边长 1 000～1 400 厘米，平行两主蔓间的距离为 180～200 厘米(图 5-20)。其主蔓的长度和间距，因品种和园地的不同而有变化。这种树形适宜高温多湿的葡萄栽培区采用，它在日本被运用较多。

(3)整形要点　第一年，培养 1 个健壮新梢，直立向上生长，至棚下 15～30 厘米高处，逐渐弯曲伸展在棚面

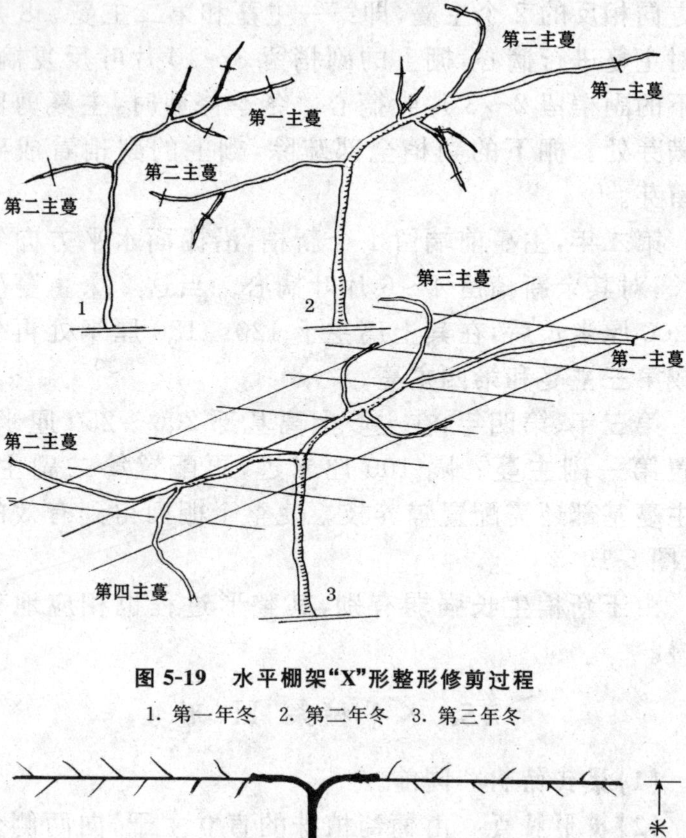

图 5-19　水平棚架"X"形整形修剪过程

1. 第一年冬　2. 第二年冬　3. 第三年冬

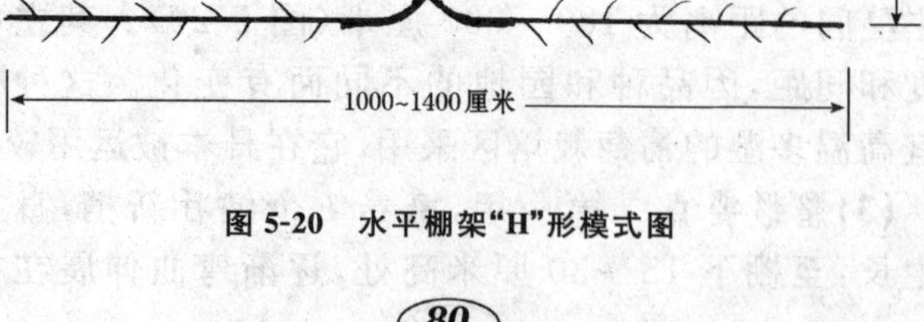

图 5-20　水平棚架"H"形模式图

上,形成第一横干和第一主蔓。横干顶端离植株主干约100厘米远。

第二年,从棚下30～50厘米处分出第二横干和第二主蔓。在第一主蔓上离主干约1米远处分出第三主蔓,其伸展方向与第一主蔓正好相反。

第三年,与上一年相似,从第二主蔓上离主干约1米远处分出第四主蔓。第二主蔓与第四主蔓的伸展方向也正好相反。

第四年,4个主蔓形成,在其上按约20厘米的间隔形成许多短梢结果母枝(图5-21)。

主蔓沿行向绑在棚架的粗铅丝(10号铅丝)上,主蔓上由短梢结果母枝长出的新梢,则分别向左右两侧引缚于离主蔓约40厘米、相互平行的各一道铅丝(12号铅丝)上。随着加长生长,新梢先端自然下垂。

在日本,对某些肥沃地上的葡萄园,还采用加强的“H”形整枝方式,即六主蔓双向三分形,或八主蔓双向四分形整枝。这样,使每株葡萄的负载量大大增加而有利于提高产量和品质。不过,怎样能够保持各主蔓间均衡地生长和结果,是值得注意的一个重要问题。

16. 水平棚架星状形

(1)架式结构 同前。

(2)树形特点 直立主干高约200厘米,达于棚面上,从主干顶端向四周呈星状(放射状)分出5～8个主蔓(图5-22)。在其上分布侧蔓和结果枝组,新梢分布于棚面,果穗自然下垂。架面枝蔓分布自然,空间补充容易。

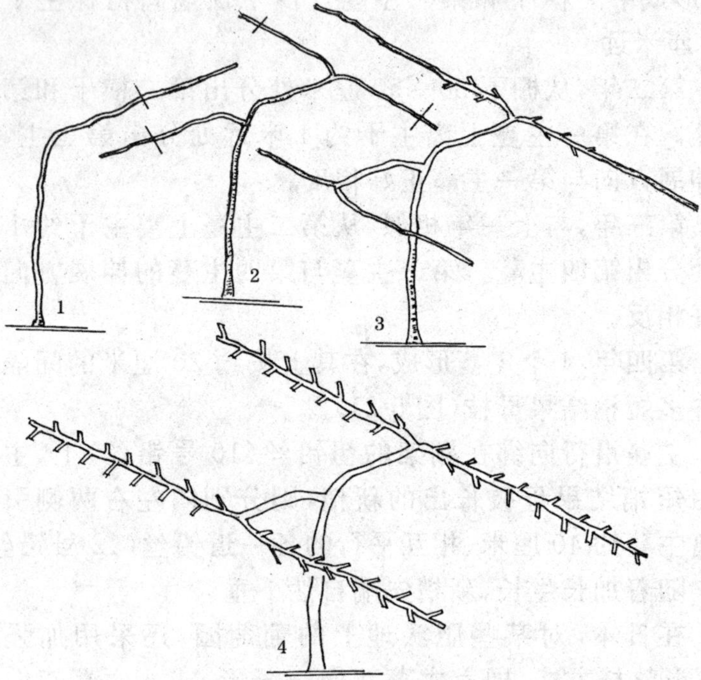

图 5-21　水平棚架"H"形整形修剪过程

1. 第一年冬　2. 第二年冬　3. 第三年冬　4. 第四年以后

(3)整形要点　与前几种树形相似。

17. 直立柱架多主蔓分层形

(1)架式结构　直立柱架多主蔓分层形的架式,为高170 厘米的一个直立单柱。

(2)树形特点　该葡萄树形原称为株作式整形。它是在直立主干上,分层排列 6 个主蔓,呈宝塔形状。该树形在高温多湿的重庆地区推广使用,效果很好。

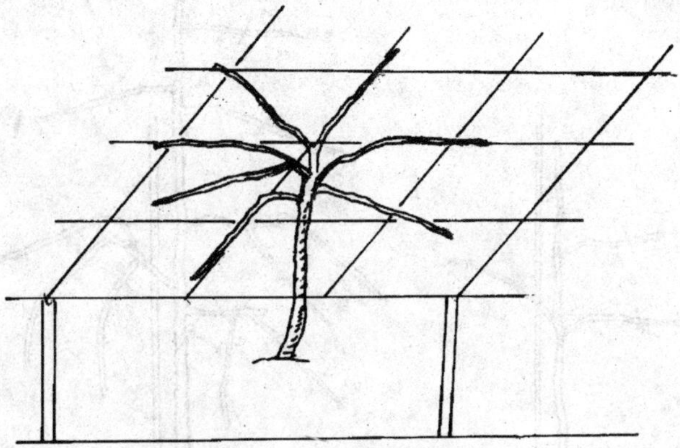

图 5-22　水平棚架星状形

(3)整形要点　以 200 厘米×170 厘米行株距栽植葡萄苗木。第一年春季，以留 2～3 个芽的标准进行短剪，选健壮新梢作主蔓，将其余新梢抹除。夏季，将主蔓留 160 厘米摘心。冬季修剪时，定干高 70～80 厘米。80 厘米以上选留 3 个不同方位的一层主蔓，主蔓间相距 30 厘米左右。

第二年，对营养枝留 7 片叶摘心，对中心梢顶梢留 9～12 片叶摘心，在第六至第七节处留预备枝，对结果母枝留 11 片叶摘心。冬剪时再留 3 个蔓，共 6 个蔓，按 3-2-1 塔形排列(图 5-23)。

第三年，在结果母蔓上选 2～3 个结果枝，结果后留 3～4 个芽修剪，对营养蔓进行长梢修剪，逐年培养成轮换结果的结果枝组。

18. 直立柱架丛状形

(1)架式结构　直立柱架丛状形的架式，是仅立 1 根

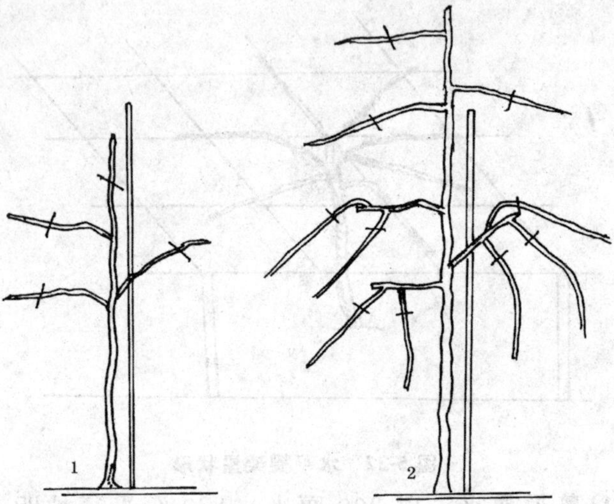

图 5-23　直立柱架多主蔓分层形的整形修剪

1. 第一年冬　2. 第二年冬

100～150 厘米的直立单柱。

(2)树形特点　该葡萄树形又称为头状形（Headsystem），其特点是整形修剪技术简单，容易掌握，管理方便。

(3)整形要点　第一年，葡萄苗木栽植后，选留 1 个健壮直立新梢，把它绑缚到支柱上，作为主干培养。冬季修剪时，按计划高度对它进行短截。

第二年，在主干顶端选留 3～4 个结果枝结果。冬季修剪时，对结果母枝留 2～3 个芽后短截。

第三年，选留 6～8 个结果枝结果。冬季修剪时，对每个结果枝仍留 2～3 个芽后短截。然后每年选留一定数量的结果枝结果，冬季均对其进行重短截（图 5-24）。

几年后，主干加粗，支柱可去除，成无架栽培的葡萄树。

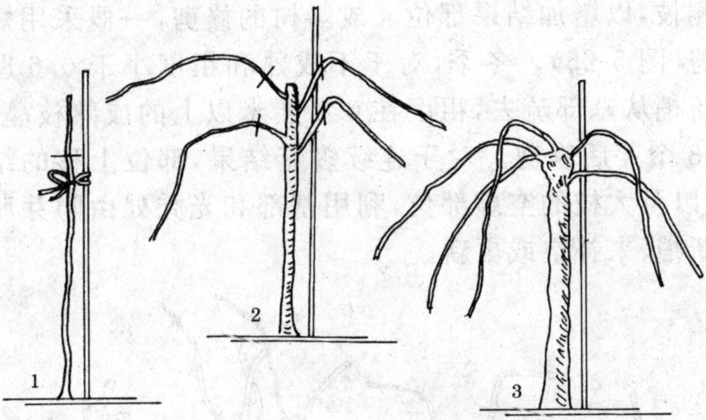

图 5-24　直立柱架丛状形的整形修剪

1. 第一年冬　2. 第二年冬　3. 几年后冬

19. 无支架丛状形

(1) 树形特点　无支架葡萄丛状形，适宜新梢生长粗壮、节间短、直立性强、宜短梢修剪的品种，如红玫瑰、白羽、佳里酿、巴米特等。其成龄树，形似乔木树状，挺拔直立，留有主干，多为单干，也有双干或多干的。其上有分枝，伸向各个方向，在分枝上着生结果部位，形成立体多面结果。

(2) 整形要点　第一年冬，选留 1 个生长健壮的新梢，留 20 厘米左右长修剪。

第二年冬，在主干上选留 2 个新梢，在新梢上各留 10～15 厘米长修剪。

第三年冬，除疏剪细弱新梢外，其他所有新梢均留

2～3 个芽修剪。以后每年根据空间情况，注意选留主枝和侧枝，以增加结果部位。成龄树的修剪，一概采用短梢修剪(图 5-25)。冬季，对于不成熟和粗度小于 0.6 厘米的新梢从基部疏去，粗度在 0.6 厘米以上的成熟枝蔓，留 1～3 个芽后修剪。对于连续多年结果，部位上移的结果枝，以及大枝的空虚部位，利用基部和光秃处由隐芽萌发的新梢，来补空或更新。

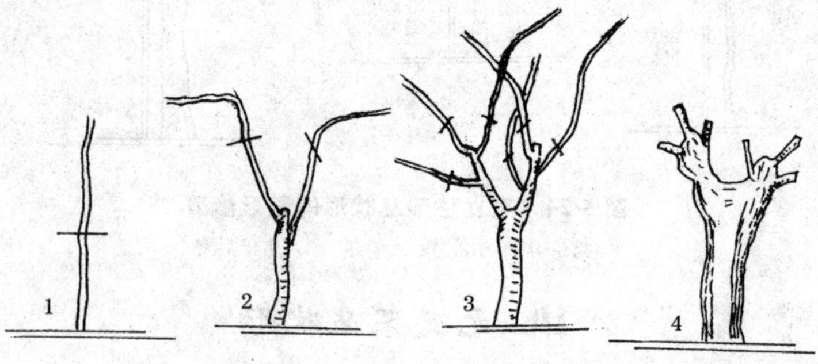

图 5-25　无支架丛状形整形修剪过程

1. 第一年冬　2. 第二年冬　3. 第三年冬　4. 几年后冬

六、设施栽培葡萄的整形修剪

葡萄设施栽培是指利用一定设施人为创造适合葡萄生长发育的小气候条件，提早或延迟葡萄成熟时期的一种特殊生产形式。葡萄设施栽培可延长葡萄市场供应期，充分利用土地，改变栽培环境，扩大种植范围，生产优质果品，获取更高的经济效益。因此，近年来设施葡萄日益受到重视，栽培面积逐年迅速增加。

我国葡萄设施栽培以日光温室和塑料大棚为主，多以塑料薄膜为覆盖材料，在管理时要注意：一是落叶后的整形修剪要在自然休眠期进行，为保证生长初期有足够的叶面积，要多留充实的结果母枝；二是因设施内部受光量少，要经常保持膜面清洁明亮；三是抹芽可在展叶初期、新梢5～6片叶和坐果后，看树势情况，分次进行；四是新梢引缚尽早进行，调整好新梢密度，使新梢有效地利用光照；五是调整结果量，原则上以1个新梢留1穗果，避免结果过量，对于弱梢上的花序，过小的花序及多余花序要尽早剪除。要调整每穗粒数，避免生产大穗果。

在塑料薄膜温室条件下，由于直射光减少20%～40%，造成葡萄光合能力不足，并且成花诱导期气温偏低，新根发育迟缓，成花激素合成也少；另一方面，后期的高温高湿促进了新梢生长，从而加剧了营养生长与生殖生长的矛盾，而不能形成大量的优质花芽，容易形成隔年结果现象。在采后立即进行重修剪，可促发新梢，通过控水、控氮肥、增施磷钾肥等促花措施，在花芽分化期为之创造良好的营养和激素平衡条件，当年即可形成大量的饱满花芽，为翌年丰产打下良好基础。

国内保护地以日光温室和塑膜大棚为主，塑膜大棚内面积较大，各种露地栽培模式都可在其中进行。日光温室架面低，距离短，空间小，其内栽培模式变化较大，现介绍保护地几种实用的葡萄整形修剪架式如下。

1. 倾斜棚架龙干形

(1)架式结构 倾斜棚架龙干形的架式，类似冬季覆土区的小棚架，其倾斜棚架面要与温室顶棚面留 40～60 厘米的空间(图 6-1)。

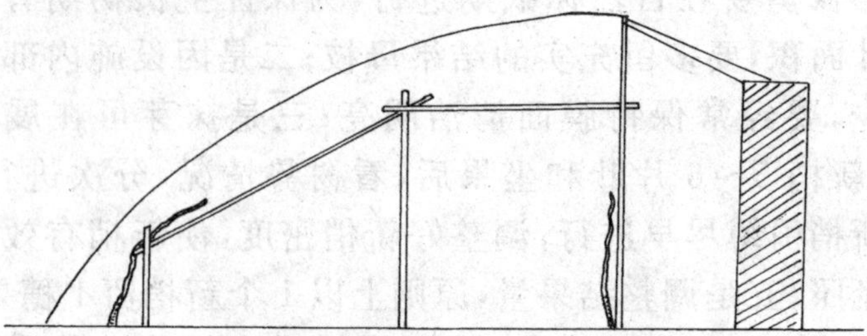

图 6-1 日光温室倾斜棚架架式

(2)树形特点 其葡萄树形类似单主蔓整形。

(3)整形要点 第一年，在距南边棚缘 100 厘米处，以 50～75 厘米株距，东西方向栽植一行葡萄苗木。苗木萌发后，选留 1 个粗壮新梢培养成主蔓，待新梢长至 200～230 厘米时摘心，副梢长出后，除顶端 1～2 个副梢延长，待其长至 50 厘米左右再摘心外，其余叶腋副梢距地面70～80厘米以下的全部抹去,距地面70～80厘米以上的,则根据粗度做不同处理,粗的(0.7厘米以上)留4～5节后摘心,细的留1片叶后摘心。对二次副梢,也按上法进行处理。冬季修剪时,将主蔓上的副梢全部除去,每株只保留1个200～230厘米长的健壮主蔓结果。

第二年,芽眼萌发后,将主蔓近地面70～80厘米以下的萌发芽眼全部抹去,并从80厘米的距离开始,在主蔓上部两侧分别每隔30厘米左右,留1个结果枝结果,每个结果枝留1个果穗。冬季修剪时,在每个结果枝的基部剪留2个芽(基口芽不算在内)作结果母枝,较弱的剪留1个芽作结果母枝。至此,树形基本完成。

以后每年在短结果母枝上,选留1个好的结果枝结果,在架面未布满时,可利用主蔓顶端结果枝作延长枝,延长枝剪留长度不宜过长,一般留6～7节,到满架为止。注意培育好系列短结果枝组,要排列整齐,如出现残缺,及时培养补上。

为充分利用温室内土地和空间,可在温室南面栽植葡萄苗木的同时,在温室内北边的中柱间,栽植1行苗木。此行苗木按篱架形式整形修剪,可结果3～4年,待棚架上的葡萄满架后,可及时地移栽别处。

2. 篱架单层水平双蔓形

(1)架式结构　单层水平双蔓的篱架,为南北向单行篱架,行距150厘米,高200厘米左右。第一道铅丝距地面40厘米,上面隔40～50厘米架1道铅丝,共4～5道(图6-2)。

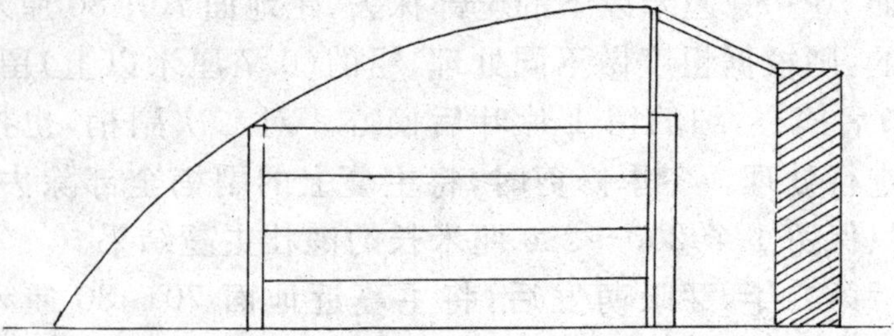

图 6-2 日光温室篱架架式

(2)树形特点 单主干高 40 厘米，顺行向水平着生 2 个结果母枝，每结果母枝上留 4～5 个结果枝，全株共有 8～10 个结果枝。结构简单，结果母枝安排灵活。山西省农业科学院果树研究所在日光温室中采用，效果很好。

(3)整形要点 第一年，苗木萌芽后，选留 1～2 个新梢，将其余的抹除。当新梢长至 15 厘米左右时定梢，选留 1 个健壮新梢，将其余的新梢留 1～2 个芽后摘心。当新梢长至 50 厘米长时，将其引缚到第一道铅丝上，并重摘心。副梢萌发后，选留顶端 2 个副梢，当其长至 50 厘米时摘心，以后留 1～2 个芽后反复摘心。对其余副梢，留 2～3 个芽反复摘心。冬季修剪时，对 2 个副梢留 40 厘米长后短剪，并绑缚到第一道铅丝上，作为翌年的结果母枝，将其余的枝蔓疏除。

第二年，当新梢长至 10～15 厘米时，在每条结果母枝上选定 4～5 个有健壮花序的结果枝，予以直立引缚。结果枝相互间隔 10～15 厘米，均匀分布。对结果枝，花序以上留 6～8 片叶摘心。冬季修剪时，可进行单枝更新或双枝更新(图 6-3)。

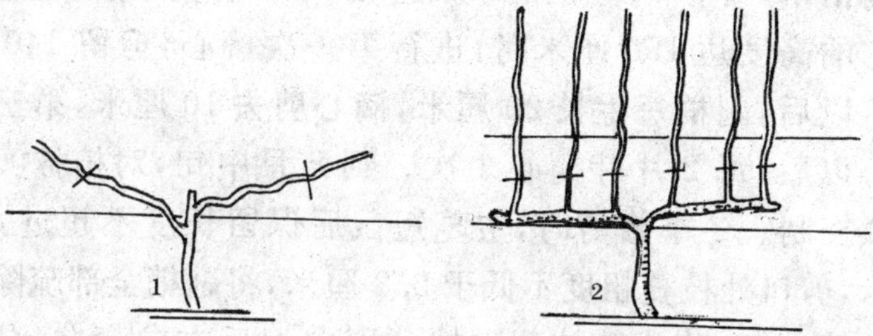

图 6-3　篱架单层水平双蔓形整形修剪

1. 第一年冬　2. 第二年冬

3. “V”形架双向水平单蔓形

(1)架式结构　行距 180～200 厘米，立“V”形双篱架，两篱架顶端相距 90～100 厘米。第一道铅丝距地面 60 厘米，以上相隔 40～45 厘米再拉 3 道铅丝(图 6-4)。

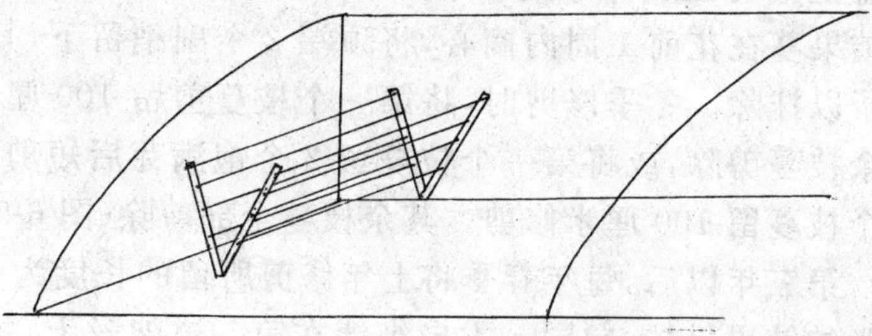

图 6-4　日光温室“V”形架式

(2)树形特点　山西省农业科学院果树研究所在日光温室中采用。这种架式树形紧凑，与水平双蔓形相似，单位面积株数增加，早期产量高。

(3)整形要点　第一年，以 50 厘米的株距，单行栽植葡萄苗木，春季萌芽后，每株选留 1 个新梢，培养主蔓。当它的高度达 150 厘米时，进行第一次摘心，剪留 140 厘米。以后，副梢每生长 20 厘米，摘心剪去 10 厘米，第三次摘心以后，每 2 片叶摘心 1 次。到 8 月中旬，对植株实施封顶控制。冬季修剪时，主蔓短截后保留长度不超过 160 厘米，剪口处枝蔓粗度不低于 0.8 厘米，将副梢全部疏除。

第二年，将成熟枝蔓隔株分别向相反方向弯曲，分别绑缚在两个架面上。即第一、第三、第五……株向后方弯曲，绑在左面架上，而第二、第四、第六……株则向前方弯曲，绑在右面架上。作为结果母蔓，其上当年萌发的结果蔓，每 15～20 厘米保留 1 个，其余抹除。同时，将主干 60 厘米处以下的新梢，全部抹除。将结果枝依次引缚到上部架丝上。在主蔓的弯曲处，第一、第二个结果枝要保证旺盛生长，长至 120 厘米时摘心，副梢留 2 片叶摘心。其他结果蔓在花前 1 周内摘心，将顶端 2 个副梢留下，其余的予以抹除。冬季修剪时，将第一个枝蔓剪留 100 厘米，其余枝蔓剪除，或将第一个枝蔓留 2 个饱满芽后短剪，第二个枝蔓留 100 厘米修剪。其余枝蔓全部剪除(图 6-5)。

第三年以后，每年春季将上年修剪所留的长度为 100 厘米的结果母枝，向同一方向绑缚在第一道架丝上，短剪的枝蔓萌芽后留 2 个健壮新梢，不留花序，直立向上引缚。

主梢延长生长至 120 厘米时摘心。副梢和其他结果枝修剪，方法同上一年。冬季修剪时，将直立绑缚的枝蔓，上 1 条剪留 1 米，下 1 条剪留 2 个饱满芽。

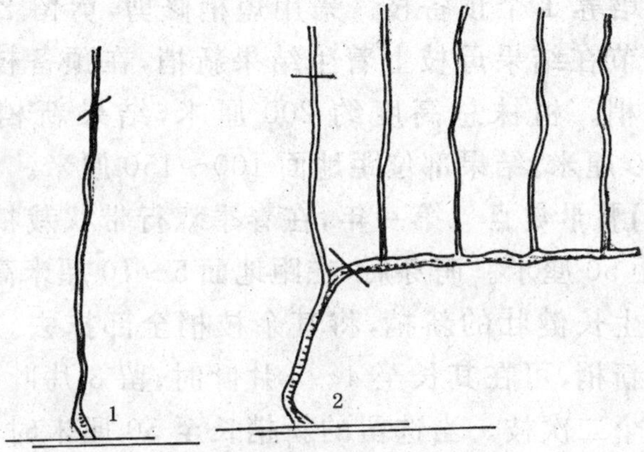

图 6-5 "V"形架双向水平单蔓形整形修剪

1. 第一年冬 2. 第二年冬

4. 篱架地面枝组形

(1)架式结构 篱架地面枝组形的架式为双壁篱架。南北行向，双行带状栽植，宽行行距 150 厘米，窄行行距 50 厘米。架高 200 厘米，横拉 4 道铅丝，铅丝间相距 50 厘米。

(2)树形特点 此树形由内蒙古农牧学院提出。地面枝组树形的特点是结构简单，适宜密植，方便管理；无效枝叶少，通风透光好；结果早，产量高，品质好。

地面枝组树形的结构非常简单，冬剪后包括 3 个部分：一是多年生组基。着生结果枝组的多年生基蔓，组基高度不超过 10 厘米。二是结果母枝。一般培养 1～2 个结果母枝，位于预备枝上方，结果母枝采用长梢或超长梢修剪，剪留 8～12 节，长度 100 厘米左右。三是预备枝。

一般只培养1个预备枝。采用短梢修剪，剪留2～3节。生长季节在结果母枝上着生结果新梢，在预备枝上着生营养新梢。植株总高度约200厘米，结果新梢距地面50～100厘米，结果部位距地面100～150厘米。

(3)整形要点 第一年，在春季双行带状栽植葡萄苗木，株距50厘米。萌芽后，在距地面5～10厘米高度内选留2个生长健壮的新梢，将其余枝梢全部抹去。如仅萌发1个新梢，可在其长至4～5片叶时，留3片叶摘心，以促发2个二次枝。当选留的新梢长至50厘米时，将其引缚上架。对下部新梢进行摘心。以后，对夏芽副梢反复留1～2片叶摘心。对上部较强的新梢，待到8月份长度达120～150厘米以上时，进行摘心，在顶部留1～2个副梢，并对其留2～3片叶反复摘心。冬季修剪时，长枝留10～12节(长约100厘米，有5～6个饱满花芽)后短截，作为翌年结果母枝；短枝留2～3节短截，作为预备枝。

第二年，春季萌芽后，在结果母枝上选留3～5个结果枝，在预备枝上选留2个营养枝，将其余新梢全部抹除。在花前3～5天，对结果新梢在花序以上留8～10片叶后摘心，其顶端留1个副梢，并对其留2～3片叶反复摘心。当营养枝长至12～15节、长120～150厘米时，予以摘心，顶端留1～2个副梢，对其留2～3片叶反复摘心，其余留1片叶后摘心。冬季修剪时，将结果枝连同母枝一并剪除。将预备枝上的上部枝剪留10～12节，作为结果母枝，下部枝剪留2～3个芽作为预备枝(图6-6)。

第三年，修剪方法与第二年相同，在地面上反复培养

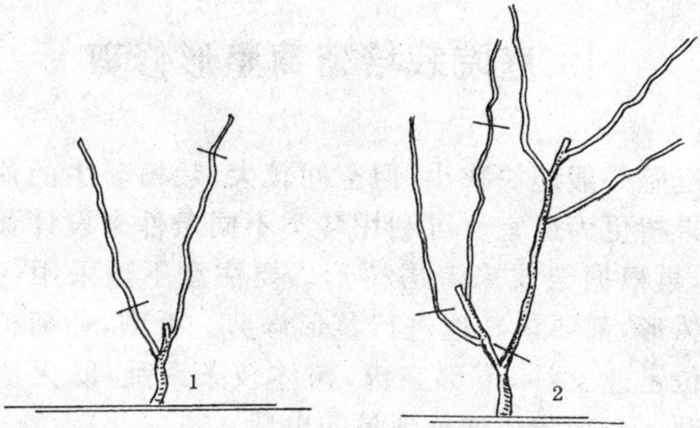

图 6-6　篱架地面枝组形整形修剪

1. 第一年冬　2. 第二年冬

结果枝组。

注意:一是如果光照、通风不良,可在采收后,部分剪除结果新梢,促进营养梢花芽分化和枝条成熟。二是提高结果母枝的萌芽率。结果母枝剪留稍长时,常导致萌芽率下降,因结果新梢数不足而影响产量,这时应加强肥水管理,同时将结果母枝弯倒,促进多萌芽。萌芽期过后再绑缚上架。三是地面枝组树形,在保证产量的前提下,应尽量少留枝芽,一般只留 1 个结果母枝。但有些品种枝蔓上花芽形成数量少,芽萌发率低,可剪留 2 个结果母枝。预备枝要剪 3～4 个芽,萌芽后选留 3 个新梢,上部 2 个培养结果母枝,下部 1 个作预备枝。

七、庭院栽培葡萄整形修剪

庭院一般地块狭小，但空间较大，栽植蔓生的葡萄比其他果树更为适宜。可利用各类不同条件来设计葡萄的架式，再根据架式来考虑树形。要注意不论采用何种架式和树形，都要认真地进行整形修剪。否则，葡萄植株结果部位迅速上移，下部空虚，树体枝条紊乱，既无产量又不美观。必须防止这种现象的出现。

1. 廊道式

其架式可设计圆形、方形或棱形等形态的拱架，以形成1条葡萄走廊（图 7-1）。葡萄植株的整形修剪，可采用多主蔓扇形或龙干形均可。

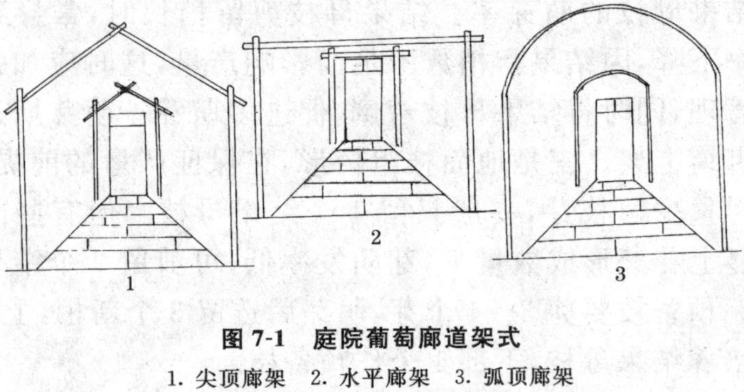

图 7-1　庭院葡萄廊道架式

1. 尖顶廊架　2. 水平廊架　3. 弧顶廊架

2. 墙壁式

墙壁式庭院葡萄的架式，可根据墙壁的高低和形状设计不同的篱架。葡萄植株的整形修剪多采用扇形，有单臂形、双臂形等类型（图 7-2）。

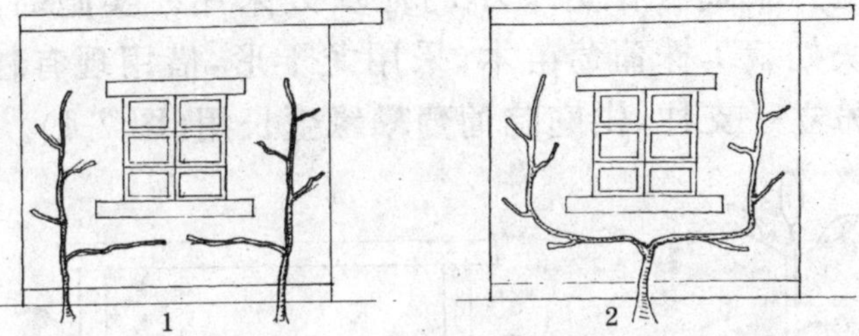

图 7-2　庭院葡萄墙壁架式

1. 单臂形　2. 双臂形

3. 遮阴式

其架式可根据空间大小设计为大棚架（图 7-3）。葡萄植株的整形修剪，可采用多主蔓扇形。

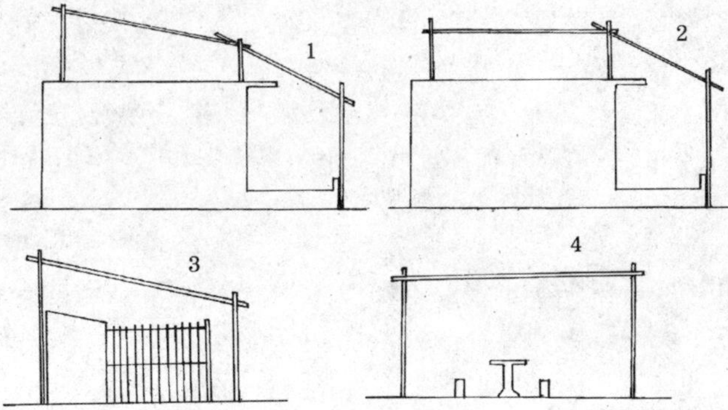

图 7-3　庭院葡萄遮阴架式

1. 较大倾斜架（在住房上）　2. 较大水平架（在住房上）

3. 较小倾斜架（鸡、兔舍上）　4. 较小水平架（凉棚）

4. 立柱式

这种架式可在更窄小的地块处采用。实施时，在窄小地块处栽 1 株葡萄苗木，采用龙干形，借用现有柱形建筑或另立一支柱，供庭院葡萄攀缘生长用(图 7-4)。

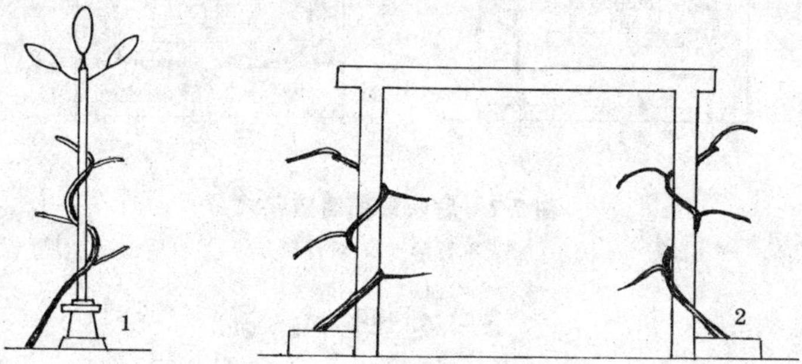

图 7-4　庭院葡萄立柱架式

1. 单灯柱式　2. 双门柱式

八、葡萄盆景整形修剪

葡萄盆景不完全同于葡萄盆栽。葡萄盆景是要将盆栽的葡萄苗，按照一定的形状进行严格的艺术加工，使其有较高观赏价值的盆景艺术品，其果实产量的高低，反倒成为第二位的了。花盆以选用 45～50 厘米口径的陶土盆或木盆较好，瓷质盆和塑料盆透气性较差，使用时要注意在底部留透气孔。

1. 扇面形

(1)架式　在花盆内，取 2 根长度为 120～150 厘米的竹竿，由盆口两侧斜插至盆底。然后横架 2～3 根与竖杆宽度相匹配的竹竿，并绑缚成上宽下窄的“井”字形支架。

(2)整形要点　第一年，春季萌芽后，选留 2 个健壮新梢培养主蔓，当主蔓长至 25 厘米左右时，留 20 厘米长后摘心，促使副梢萌发。每主蔓留顶端 2 个副梢，其余留 1～2 片叶后摘心。这 4 个副梢长至 35 厘米左右时，进行摘心，以促使其成熟，如二次、三次副梢萌发，则留 1～2 片叶反复摘心。冬季修剪时，留 50 厘米左右长的 4 个蔓，对其进行短剪，作为结果母枝，其上的副梢全部疏除。

第二年，每个主蔓上留 1 个结果枝，将其向上引缚，对中间的 2 个进行直立绑缚，左右的 2 个稍向外侧倾斜绑缚，使其呈扇面状。每个结果枝上留 1 个花序，在花序以上部位上留 6～7 片叶后摘心。将花序下方的副梢全部从基部去除，花序上部的留 1 片叶后摘心。冬季修剪时，可采取单枝更新措施，使之交替结果（图 8-1）。

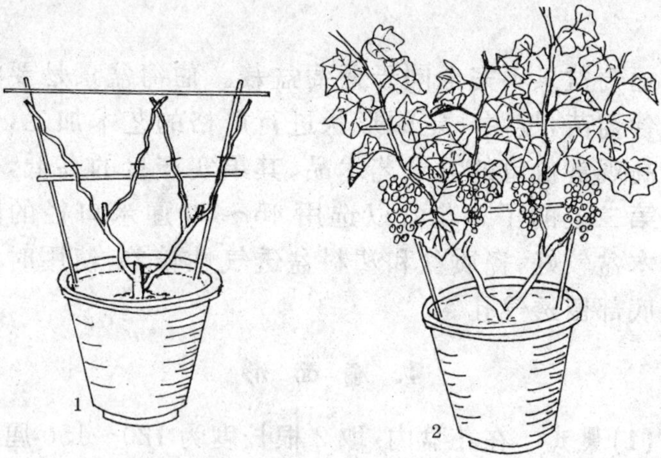

图 8-1　扇面形整形修剪

1. 第一年冬　2. 第二年夏

第三年以后，看生长状况，多留结果枝，多留花序，使其株美果丰，更富有观赏价值。

2. 悬 崖 形

(1)架式　设计和制作悬崖形葡萄盆景的架式，工作比较简单，只要在花盆直径的 1/3 或 1/4 处，直立 1 根 40 厘米左右长的竹竿，在其顶端绑 1 根 80 厘米长、向下倾斜约 60°角的竹竿，形成单臂倾斜状态即可。

(2)整形要点　第一年，春季培养 1 个直立健壮的主蔓。当其长至 130 厘米左右时，对其进行摘心，并引缚到支架上。以后，对所萌发副梢，留 1～2 片叶摘心。冬季修剪时，主干上副梢全部疏除，如果弯曲处的副梢发育成熟也可留 1 个，短剪留 1～2 个芽。

第二年，留 2～3 个结果枝结果。冬季修剪时，留 1～2 个芽短剪，进行单枝更新修剪(图 8-2)。

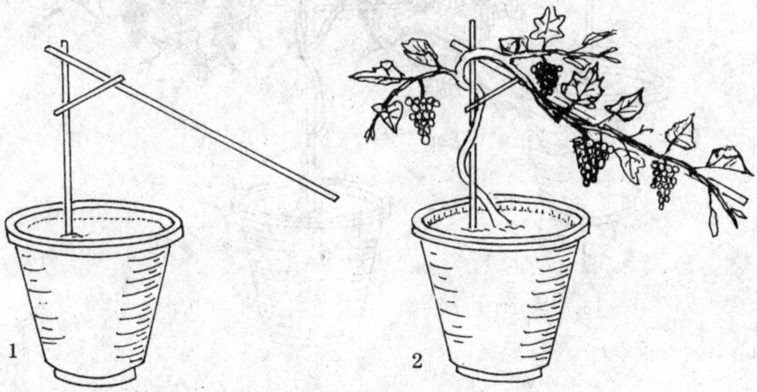

图 8-2　悬崖形整形修剪

1. 架式　2. 悬崖形葡萄盆景

3. “T”形

(1)架式　盆内中心直立 1 根高约 80 厘米的竹竿，上部横绑 1 根长约 60 厘米的竹竿，形成“T”形支架。

(2)整形要点　第一年，春季培养 1 个直立健壮的主蔓。当其长至 70 厘米左右时进行摘心，促使其顶端萌发 2 个长势均衡的副梢，将这 2 个副梢分别引缚于左右两边，其余副梢留 1～2 片叶摘心。冬季修剪时，将主干上副梢全部疏除，两臂以架的长度进行短截。

第二年，在左、右两臂上，各留 2～3 个结果枝，每枝留 1 串果穗。果穗自然下垂(图 8-3)。结果枝弯曲处易萌发副梢,对其要及时留 1 个芽后摘心或抹除。冬季修剪时,对结果枝留 1～2 个芽短截。

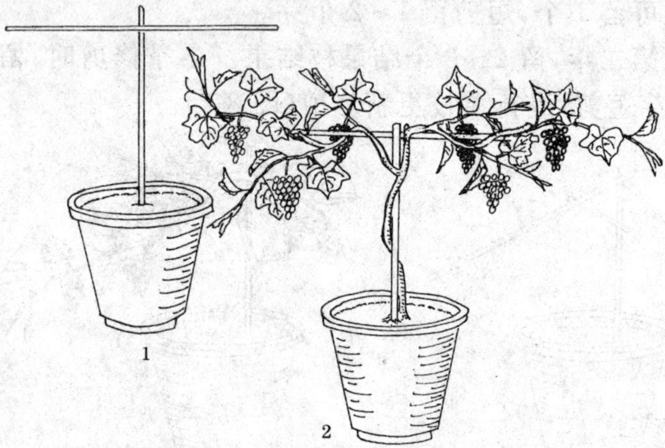

图 8-3 "T"形整形修剪

1. "T"形架式 2. "T"形葡萄盆景

4. 漏 斗 形

(1) 架式 取 3～6 根长度为 120～150 厘米长的竹竿,由盆口均匀斜插至盆底,呈上大下小的倒三角形,成为支柱,然后根据盆的大小用 8 号铅丝或竹片扎 1 个圈或 2 个圈,固定在支柱的内侧,便成单层或双层漏斗形支架。

(2) Ⅰ型整形要点 第一年,春季芽萌发后,选留 1～2 个健壮新梢培养主蔓,将其余新梢抹除。当 1 个蔓长至 80～90 厘米时摘心,引缚到下层圆圈上,另 1 条蔓长至 100～120 厘米时摘心,引缚到上层圈上,副梢保留 1～2 片叶后摘心。冬季修剪时,将副梢全部疏除。

第二年，在春季萌芽后，在2个主蔓上，各选留2～3个新梢作为结果枝，将其余新梢留1～2片叶摘心。冬季修剪时，在每个结果枝基部留2～3个芽后短截，形成4～6个结果母枝。以后，采用双枝更新的修剪方法，维持树形。

(3) Ⅱ型整形要点 第一年，春季芽萌发后，选留3个生长势相近的健壮新梢，长至60～80厘米时进行摘心，按3个方向分别绑在架面上，将副梢留1～2片叶后摘心。冬季修剪时，疏除副梢，剪留50～60厘米。

第二年，每个蔓留2～3个结果新梢，将其中2个向上引缚，其余新梢留1～2片叶摘心。此时，基本成"三股六杈"树形。冬季修剪时，将上部的6个新梢剪留20～30厘米长，其余的结果枝留1～2个芽后短截。以后，每杈留1个结果枝，可用双枝更新方法保持树形（图8-4）。

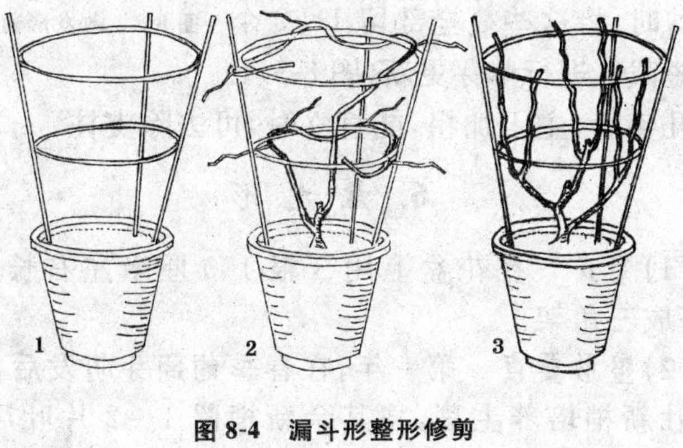

图8-4 漏斗形整形修剪

1. 漏斗形架式 2. 漏斗形葡萄盆景Ⅰ型 3. 漏斗形葡萄盆景Ⅱ型

5. 散发形

(1) 架式 在花盆中央立1根长约80厘米的竹竿。

(2)整形要点 第一年，葡萄植株春季芽萌发后，选留1个健壮新梢，用以培养直立健壮的主蔓，将其余的留1～2片叶后摘心。当新梢长至70厘米左右时，进行摘心，促使其顶端萌发3个长势较均衡的副梢，并对其中的每个副梢留4～6片叶摘心，而对其余的副梢留1～2片叶后摘心。冬季对葡萄进行修剪时，将顶端的3个副梢留1～2个芽后短截，将其余的副梢予以疏除。

第二年，在主蔓顶端留3个结果蔓和几个发育蔓，让其下垂。冬季修剪时，将这些蔓全部留1～2个芽后短截。进行单芽更新(图8-5)。

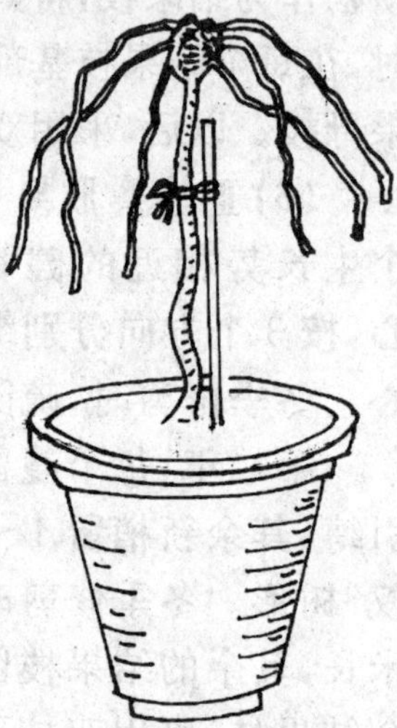

图8-5 散发形葡萄盆景

几年后，主干加粗，能直立时，可去除支柱。

6. 盘龙形

(1)架式 在花盆上用3根100厘米左右长度的竹竿，搭成三角架。

(2)整形要点 第一年，在春季葡萄芽萌发后，选留1个健壮新梢培养主蔓，将其余新梢留1～2片叶后摘心，当主蔓长至80厘米左右时对其摘心，并将其缠绕于支架的外侧，以后形成的副梢，除顶端副梢留4～6片叶摘心外，将其余的留1～2片叶后摘心。冬季对葡萄进行修剪时，将主蔓截留75厘米左右，将副梢全部疏除。

第二年，在主蔓左、右各留 1 个结果枝结果，将顶芽继续培养，以延长主蔓。对延长枝可根据架面大小，在 60 厘米左右长时摘心。对结果枝也要留 4～6 片叶后摘心。进行冬季修剪时，将葡萄结果枝留 1～2 个芽后短截，将延长枝副梢全部疏除。

第三年，再在延长枝上左右各留 1 个结果枝。这样共有 4 个结果部位，采用极短梢修剪措施，进行单枝更新，形成 4 个龙爪(图 8-6)。

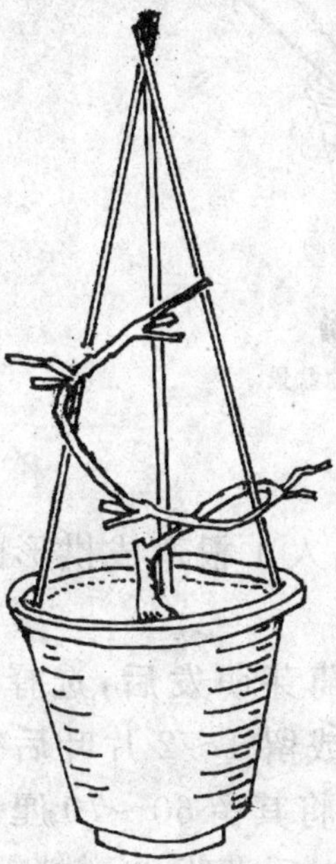

图 8-6　盘龙形葡萄盆景

7. 小棚架形

(1)架式　小棚架形的架式与大田采用的小棚架相似。先用 2 根长 120～150 厘米的竹竿靠边直插在花盆中，再用 2 根长约 180 厘米的竹竿斜插于盆中，使 4 根竹竿的基点呈矩形，顶部用两长三短的竹竿，加以固定，形成小棚架。

(2)整形要点　第一年，春季葡萄植株的芽萌发后，选留 1～2 个健壮新梢，将其培养成 100～120 厘米长的主蔓，使其均匀分布在架面上。除对顶端副梢根据架面长度较轻摘心外，其余的均留 1～2 片叶后摘心。冬季修剪时，除顶端副梢外，其余副梢均予以疏除。

第二年，春季在架面上均匀选留 3～4 个结果枝。每个枝上留 1 穗果，果穗上留 6 片叶后摘心。冬季修剪时，对所留结果枝留 2～3 个芽后短截。这样便形成独龙干式(图 8-7)或双龙干式。

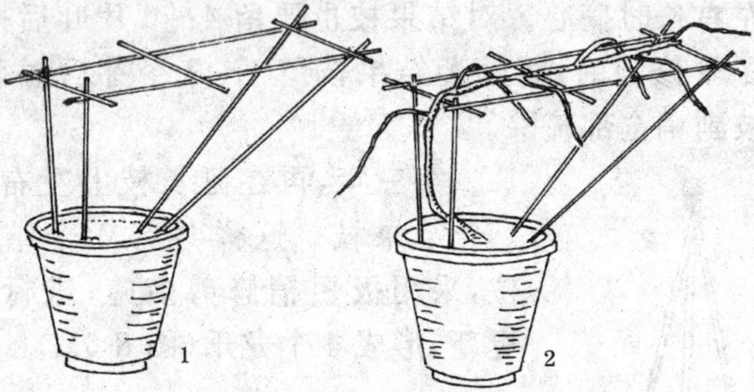

图 8-7 小棚架形整形修剪

1. 小棚架架式 2. 小棚架形葡萄盆景

8. 提篮形

(1)架式 在花盆的两边,对称插入 1 根弯成拱形的竹片,使之成提篮状。

(2)整形要点 第一年,春季葡萄芽萌发后,选择 2 个健壮新梢培养主蔓,其余新梢抹去或留 1～2 片叶后摘心。当所留新梢长至 70～80 厘米时,将其留 60～70 厘米长后摘心,并分别缠缚于支架上。对以后萌发的副梢,除顶端副梢留 4～5 片叶摘心外,对其余副梢均留 1～2 片叶后摘心。冬季修剪时,将主蔓上的副梢全部疏除,仅留 2 个 60～70 厘米长的主蔓。

第二年,春季葡萄植株萌发后,在每个主蔓上选留 2 个结果枝,将其余的芽抹去。每个结果枝留 1 串果穗,果穗上留 4～8 片叶后摘心。冬季修剪时,将每个结果枝上留 2 个芽后短截。

第三年以后，每年选留 6～8 个结果枝结果(图 8-8)。

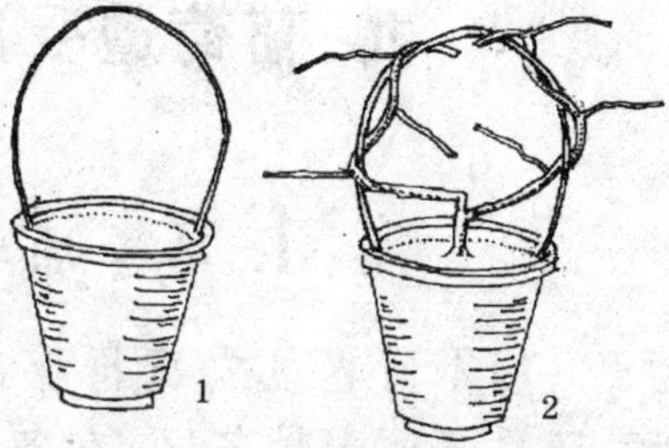

图 8-8　提篮形整形修剪

1. 架式　2. 提篮形葡萄盆景

9. 其他形

葡萄盆景，除了可以按照以上 8 种树形进行整形修剪以外，还可以按照其他许多形式来整形，如双环形、单臂形、宝塔形和“S”形等。其具体形状及整形修剪方法，如图 8-9 所示。

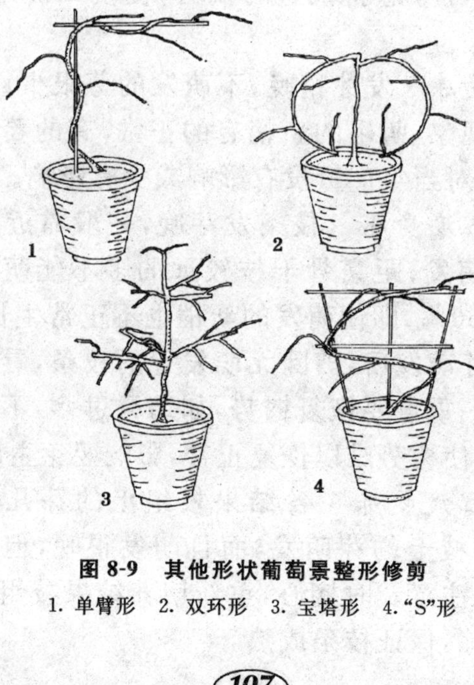

图 8-9　其他形状葡萄景整形修剪

1. 单臂形　2. 双环形　3. 宝塔形　4.“S”形

九、葡萄遭受冻害后的管理

1. 冬季冻害后的处理

(1)不同程度受冻植株的管理 葡萄不论覆土越冬区，还是不覆土越冬区，在冬季都可能遭受冻害。遭受冻害的葡萄，春季发芽推迟，因而也被称为“睡眠病”。遭受冻害以后的葡萄因受冻程度不同而表现出各种各样症状，给生产造成的损失也不相同。对于早熟品种，除利用副芽结果外，可考虑新梢适时摘心，促使二次果产生，以弥补部分损失。

①轻微受冻 发芽稍晚，不萌发的芽眼少，部分较细枝梢显脱水现象，萌生的新梢有的正常，有的萎缩。果穗大部分正常，对当年产量没有影响或少有影响。

②中等程度受冻 枝条发芽晚，一般靠近骨干枝的结果枝芽多萌发，距离骨干枝较远的多不能萌发。不萌发的芽约有50%，即使萌发的新梢也不正常生长，发育迟缓。可等待芽萌发后，剪除无萌发芽的枝条，看情况疏除一部分果穗。重点要恢复树势，如结果过多，不仅果实品质差，而且会使树势难以恢复正常，影响翌年生产。

③较重程度受冻 各结果枝组上的芽几乎全部死亡，只有骨干枝上的芽萌发，而且萌发很晚，但这些新梢生长旺盛，要注意及时摘心，重新培养结果枝组。如果有花穗也要疏除，保证枝条成熟。

④严重受冻　枝条表现严重脱水，呈现完全枯死症状，主干甚至发生开裂。但植株根系尚未死亡，从根颈部位还能萌发新梢。在新梢萌发后，可以将地上部锯除，伤口抹保护剂，再选留 1 个新梢，其余抹除。这个新梢生长迅速，要注意适时摘心，利用副梢，重新培养树冠。

最严重的冻害，地上部完全干枯，根系也完全变黑死亡，只好刨除植株，栽植新苗，重新建园。

(2)冻害的原因　葡萄冬季遭受冻害的原因，除与冬季低温或异常低温及干旱有关外，主要是与植株的抗性有关。抗寒力弱的树，通常是负载量过大，树势衰弱或秋季枝条贪青徒长、不充实、落叶迟缓、不能及时进入休眠的树。

(3)冻害的预防

①新梢及时摘心　反复摘心，避免枝叶贪青徒长，过于繁茂。及时对秋季新梢反复摘心，同时改善光照条件，可促进枝条成熟，芽眼饱满，不仅抗冻能力提高，翌年结果能力也会提高。

②合理负载　避免产量过高，适时采收。若葡萄负荷过重，不仅质量降低，还会造成葡萄新梢不成熟或成熟不好。采收过晚，会使枝条养分积累不足，瘦弱空虚，极不耐寒。要根据品种、肥水条件、管理水平制定合理的产量指标。

③科学施肥，合理灌水　葡萄正常发育结果，需要 10 多种元素，要根据各方面条件制定合理的施肥方案，尤其要注意有机肥的投入，避免秋季大剂量单纯氮肥施入，刺

激营养生长。如秋季降雨多时，要注意排水。在落叶后土地冻结以前，结合开沟施基肥，要浇 1 遍透水。待土壤松散后深耕保墒。这次越冬水是防冻的关键水。

④防治病虫害　在果实采收后，仍要注意防治病虫害，保护叶片，以保证枝条的成熟和质量。

⑤适时埋土　在葡萄需要覆土越冬的地区，覆防寒土不要过早，一般在土地封冻前 10 天左右，葡萄有了一定的寒冷锻炼以后进行。翌年春季要在不会再发生霜冻时，再扒除防寒土。扒土过早，容易在发生寒流时冻伤枝芽。冬季要随时检查防寒土是否严密，必要时需加厚土层。

2. 早春葡萄遭冻害后的管理

我国北方地区在春季葡萄萌芽期常有寒流来临的低温过程，给正在生长的葡萄幼梢造成一定程度的冻害。有些年份甚至发生降雪，使正在萌芽生长的葡萄遭受严重冻害。

正在萌芽期的葡萄，因品种、树龄、枝条充实程度的不同，受冻情况也不同，有的较轻，有的较重。已经萌动的幼梢受冻后，变黄枯萎，但母枝受害程度不明显。因此，在低温过后，不要急于整修，要待枝条上的未萌动的芽明确是否受害以后再采取措施，也就是说，要待新的芽萌动以后，看受冻程度再采取相应措施。

(1)受冻很轻　如仅新梢顶芽变褐死亡的可直接剪去死亡部分，依靠侧芽带头生长，基本不受影响。当新梢全部受冻时，可剪除已死新梢，促进副芽萌发，要注意进行抹芽，只留 1 个新梢即可。在修剪时可保留较好的花穗，后期加强管理，损失不会很大。

（2）受冻中等 即只有已经萌发的芽受害，枝条中下部的芽陆续萌发，这时可以按照树形要求，留出合适部位的芽，作为新树形的预备枝培养，将根际部萌发的根蘖苗和下部萌发的芽抹去。这些芽中，可能有些芽会带有花穗，要注意保留，可以弥补一些损失。

（3）受冻最严重 地上部分完全死亡，因根系部分不会因短期低温死亡，仍旧正常活动，经过一段时间后，会发出大量的根蘖苗，可以选择 1 个生长势较强的作为主蔓重新培养树形，因有一个强大的根系，这个蔓的生长势会很强旺。因此，可以利用副梢扩大树冠，同时要注意进行适当的摘心，控制生长势，避免徒长，以保证枝芽充实，形成花芽，有利于翌年结果。

十、几个栽培品种的整形修剪要点

葡萄品种有数千个，但在生产实践中，常利用的也就几十个，现选几个常用的品种，对其整形修剪要点做简单介绍，供葡萄栽培者参考。

在品种特性描述时，常用术语有：萌芽率为总芽数中萌芽数的比例（萌芽率＝萌芽数÷总芽数）；成枝率为萌芽数中发育成枝条数的比率（成枝率＝成枝数÷总萌芽数）；果枝率为总枝条数中带花穗的果枝的比率（果枝率＝结果枝数÷成枝数）；结果系数为1个结果枝上着生果穗的平均数（结果系数＝总果穗数÷总结果枝数）。

1. 凤 凰 51

(1)品种特性 由大连农业科学研究所选育，亲本不详。为早熟品种。植株生长势强，冬芽萌发率70%左右，平均结果枝率58.8%，结果系数达1.9，丰产性高。

果穗圆锥形，平均单穗重347.4克，管理好的园地，可达450～500克，最大穗重可达1 200克以上。果粒平均重7.1克，最大粒重14.3克。果皮紫玫瑰红色至蓝紫色，中等厚。果肉甜酸可口或偏甜，充分成熟时有较浓玫瑰香味，含可溶性固形物13%～18%，品质上等。

(2)整形修剪技术要点

①花芽形成容易。适宜篱架、棚架各种栽培方式。适宜短梢修剪。

②生产潜力较大，但也要注意根据管理水平控制产量，避免植株早衰，形成大小年结果现象。

③结果枝多分杈生长，由于分杈而花序着生多，在花前尽早将分杈的结果枝剪去，每个结果枝留 1 个梢尖延长生长。每个果枝留 1 个健壮的花序结果，顶端的强旺结果枝可留 2 个花序，其余的剪去。要留足够的营养枝。

④注意果穗整形，花前疏除过密的花朵，剪穗尖，使穗形成圆锥形，坐果后疏除过密的小粒，使果穗上下的果粒大小保持一致。

2. 早黑宝

(1)品种特性 由山西省农业科学院果树研究所以瑰宝与早玫瑰杂交育成。为早熟品种。树势中庸，平均萌芽率 66.7%，平均果枝率 56.0%，每果枝上平均花序数为 1.37 个，花序多着生在结果枝的第三至第五节。坐果率平均为 31.2%。副梢结实力中等。丰产性强。

果穗圆锥形、带歧肩，平均单穗重 426 克，最大穗重 930 克。果粒着生较紧密。果粒短椭圆形，平均单粒重 7.5 克，最大粒重 10 克。果皮紫黑色，较厚、韧。果肉较软，完全成熟时有浓郁的玫瑰香味，味甜，含可溶性固形物 15.8%，品质上等。

(2)整形修剪技术要点

①适宜篱架栽培，中短梢混合修剪，以中梢修剪为主。

②花序多，果穗大，坐果率高，应控制负载量，露地栽培产量应控制在每 667 米^{2}1 500～1 800 千克为宜。

③夏剪时，强壮结果枝留双穗，中庸结果枝留单穗，弱枝不留穗。因果粒着生较紧密，应注意进行疏花、整穗。

④在果实着色阶段果粒增大明显，要注意着色前的肥水管理。

3. 京　秀

(1)品种特性　由中国科学院北京植物园以潘诺尼亚与60-33(玫瑰香红无籽露)杂交育成。为早熟品种。生长势中等或较强，平均萌芽率62.8%，结果枝率45.7%，每个结果枝的平均花序数1.21个，结果系数0.44。

果穗圆锥形，平均单穗重513克，最大穗重1 100克。果粒着生紧密，椭圆形，平均单粒重7克，最大粒重12克，穗粒整齐，玫瑰红色或鲜紫红色，酸甜适口，含可溶性固形物15%～17.6%，品质上等。

(2)整形修剪技术要点

①栽培管理容易，采用篱架栽培、棚架栽培均可。一是露地栽培，篱架、棚架均可。篱架以小扇形整枝、棚架以龙干蔓整枝为好。二是日光温室栽培，南北行篱架栽培，适宜采用单臂水平整枝。东西行篱棚架或篱架栽培，适宜采用独龙干整枝。三是塑料大棚栽培，南北行篱架栽培，适宜采用单臂水平整枝或小扇形整枝。南北行棚架栽培，适宜采用独龙干整枝。

②一般在栽植第二年结果。该年每株树可留结果枝5～7个，每个结果枝留1个花序，产量控制在每667米^2

400～500千克。以后每667米^{2}产量控制在1000～1500千克为宜。

③花期管理。开花前，在花序以上留3～5片叶摘心。开花后，花序以上留15～20片叶摘心，顶端留1～2个副梢延长生长，反复摘心，花序以下副梢全部去除。

在开花前1～2周进行疏花序，摘除多余的花序。在花序上少数花蕾始开放时进行花序整形。特大花穗，除去副穗和上部2～5个小分枝，下面较长的小分枝去除尖端部分，留22～25个小分枝，再摘去穗尖，使整个果穗成倒梯形。中等大花穗，去副梢，将上部较长的小分枝去除尖端部分，留22～23个小分枝，再摘去穗尖。小花穗，除去副穗和穗尖外，基本不动。个别分枝过长时，也可摘去尖端部分。

落花后15～20天进行疏果粒。疏去形状不正、部位不好、受损有残痕、过挤过小的幼果。果粒数依树势和果穗大小而定，留60～80粒。上部小分枝留4～6粒，中部小分枝留3～4粒，下部小分枝留1～2粒，使果穗呈圆锥形，单穗重400～600克，单粒重7～9克。

4. 京　亚

(1)品种特性　由中国科学院植物研究所北京植物园从黑奥林自然杂交实生苗中选育而成。为早熟品种。生长势中等或较强，副梢生长不旺。结果枝占芽眼总数的55.17%左右，每个结果枝上平均果穗数1.55个，结果系数为0.87。副梢结实力亦强。

果穗圆锥形或圆柱形，平均单穗重478克，最大穗重

1 070 克，果粒着生紧密或中等，平均单粒重 10.84 克，最大粒重 20 克，椭圆形，紫黑色，汁多微甜，含可溶性固形物 13.5%～18%，品质中上等。

(2)整形修剪技术要点

①适于各种架式栽培，可多采用管理较为简便的单篱架栽培。也适宜各种整形方式，以短梢修剪为主。每 667 米^2 产量控制在 1 500～1 750 千克为宜。

②赤霉素处理果穗，可获得 100%的无核大粒果，同时成熟期可提前 10～15 天。

5. 矢富玫瑰

(1)品种特性 又名矢富罗莎、亚都蜜、粉红亚都蜜、罗莎、早红提等。原产自日本，由东京都町田市矢富良宗氏育成。为早熟品种。生长势强，较丰产。每个果枝平均果穗数为 1.61 个。

果穗圆锥形，平均单穗重 388.1 克。果粒着生中等紧密，平均单粒重 8 克，长椭圆形，紫红色，味甜。含可溶性固形物约 16.3%，品质上等。

(2)整形修剪技术要点

①适宜棚架、篱架栽培。适宜设施栽培。

②结果母枝以中长梢修剪为主。结果母枝可剪留 11～12 个芽。

③每 667 米^2 可计划产 2 000～2 500 千克优质果，绿枝留量以 4 500～5 000 个为宜。

6. 维多利亚

(1)品种特性 原产自罗马尼亚。以绯红与保尔加尔杂交育成。为早熟品种。植株生长势中等，结果枝率50%以上，每个果枝平均花序数1.3个，副梢结果能力强。

果穗圆锥形或圆柱形，平均单穗重730克，最大穗重1 950克。果粒着生中等，长椭圆形，平均单粒重9.5克，最大粒重16克，果皮黄绿色，果肉硬脆，味甜爽口，含可溶性固形物约16.9%，品质上等。

(2)整形修剪技术要点

①生长势中等，进行篱架栽培以多主蔓自由扇形为宜。冬剪宜中、短梢修剪，预备枝留2～3个芽短截。通过双枝更新，在主蔓上每隔25厘米培养1个结果枝组。注意调节营养生长和结果量，合理更新枝蔓，防止结果部位外移。

②品种花芽形成容易，花序偏多，坐果率高。花前1周内对结果枝在花序上留5～6片叶摘心，营养枝留10～12片叶摘心。每个结果枝留1穗花序，强旺枝可以留2穗，弱枝不留花序。可以对副梢处理促生二次果。

③花前1周，掐去1/4左右的穗尖，落花后2周疏果，疏除过密过小果和畸形果、病果，使果粒大小一致均匀分布。每667米^{2}产量控制在1 500千克左右。

④花后20天左右，喷1次杀菌剂后，果穗立即套袋。果实成熟时可以不去袋，采收后去袋或带袋上市。

7. 里扎马特

(1)品种特性　又名玫瑰牛奶，由前苏联以可口甘与巴尔干斯基杂交育成。为中熟品种。植株生长势强，平均萌芽率80%，结果枝占总芽数的45%，结果系数为1.6。丰产性强。

果穗圆锥形，平均单穗重1 000～1 500克，最大穗重1 800克。果粒着生松散，平均单粒重12克，最大粒重19克，果皮玫瑰红色，果肉脆甜，含可溶性固形物约18%，品质上等。

(2)整形修剪技术要点

①适宜棚架和长梢为主的修剪方法。夏季适当多保留叶片，防止果实得日灼病。

②肥水要求较高。管理不善易出现大小年结果和果实着生不良。注意控制产量，一般每667米^{2}产量控制在1 000～1 500千克为宜。

③注意副梢管理，保持架面通风透光。

8. 玫瑰香

(1)品种特性 原产自英国。由斯诺(Snow)于1860年以黑罕与白玫瑰香杂交育成。为中熟品种。植株树势强健，芽眼结实力高，结果枝占总芽数的47%，在充实而成熟的结果母枝上从基部第一至第五、第六节都可抽生结果枝，而且每个果枝往往有2个花序，少数果枝甚至有3个花序，副梢结实强，可连续结果1～4次，产量甚高。

果穗圆锥形，平均单穗重350克，最大穗重820克。果粒短圆锥形，平均单粒重5克，黑紫色，果肉黄绿色，有浓郁玫瑰香味。含可溶性固形物18%～22%，品质上等。

(2)整形修剪技术要点

①树势强健，适宜采用中小型架式，但在肥水充足时

也可采用大型架式，对栽培技术措施反应敏感。

②形成花芽比较容易，一般情况下，落花落果严重，容易形成果粒大小不匀、果穗松散现象，影响产量和质量。采用短梢修剪，可提高坐果率，使果穗较紧凑。春季在抹芽定枝的基础上，及早根据新梢的长势强弱，疏除部分花序，并采用剪除副穗，去掉穗尖等方法疏去过多的花，进行花穗整形。落花后幼果长至豆粒大时，疏间果粒；必要时进行二次疏果，整理穗形。

③盛花期结果枝摘心，反复控制侧副梢，可获得坐果良好、果穗紧密、果粒大而较均匀的效果。

9. 瑰 宝

(1)品种特性 由山西省农业科学院果树研究所以依斯比沙与维拉玫瑰杂交育成。为中熟品种。树势中等稍强，结实力强。平均萌芽率 59.7%，结果枝率 48.3%，每果枝平均花序数 1.65 个。

果穗圆锥形，平均单穗重 450 克，最大穗重 1 700 克。果粒着生较紧密，果粒椭圆形或近圆形，平均单粒重 5.35 克，最大粒重 8.5 克，果皮紫红色，有浓玫瑰香味，含可溶性固形物 17.5%～19.9%，品质上等。

(2)整形修剪技术要点

①生长势中庸偏旺，适宜篱架、小棚架栽培，采用长、中、短梢混合修剪，以中梢修剪为主。

②因叶片较小，果实易受日灼，在定芽时要适当考虑加大枝条密度，夏季修剪时要在果穗周围多留叶片，副梢也要多留叶片，可采用果穗以上的副梢都留 2 片叶反复

摘心的处理方法。

③修剪时适当多留芽眼，在定芽时去除无果穗的枝条，适当多留结果枝，以争取高产。

10. 巨　峰

(1)品种特性　原产自日本。由大井上康氏以石原早生与森田尼杂交育成。为中熟品种。树势极旺盛，新梢生长壮而旺。节间短、枝条充实，芽眼饱满且突出肥大，结果枝比率大，多为双果穗。落花落果严重，果穗圆柱形，单穗重400～500克，最大穗重1 000～2 000克。果粒着生稀疏。果粒圆形或椭圆形，一般单粒重13～15克，最大粒重22克，成熟后呈黑紫色，味甜，有草莓香味，含可溶性固形物15%～16%，品质中上等。

(2)整形修剪技术要点

①对修剪反应强烈，宜采用长梢修剪为主的修剪，以较大架面的树形整形。

②严格控制负载量，每667米^{2}产量应控制在2 000～2 500千克。为确保产量控制，篱架栽培中，新梢距离不少于15厘米。棚架栽培，每平方米架面留10～15个新梢。结果枝与发育枝的比例应为2∶1。发育枝上不留果穗，每个结果枝上留1穗果。

产量过高会使树体早衰。早衰的植株春季萌芽率低，新梢细弱，叶片小而薄，易感病早落。落花落果严重，果粒小，着色不良，含糖量降低，品质下降。

③花前4～5天留7～8片叶摘心，使养分集中供给开花坐果所需。摘心后萌发的副梢只保留顶端的1个，长

至50厘米时留5～6片叶摘心。果穗下的全部抹除，果穗上的留1～2片叶摘心。保证每个果穗有效功能叶片20片以上。

④果穗整形应在盛花期前进行，及时掐去花穗的1/4。平均穗重目标定在400克。

⑤据柴寿等对巨峰的最适树相指标研究结果，巨峰葡萄果实品质（糖度、果皮色）与盛开70天后的叶色正相关，与即将开花之前的新梢长、叶片大小及盛开70天后的新梢长、叶片大小负相关。新梢过长，叶片过大，糖度下降，品质降低。

11. 红地球

(1)品种特性　又名美国红提、红提、大红球、晚红。原产自美国。由加利福尼亚大学奥尔姆氏以（皇帝×L12-80）与545-48杂交育成。为晚熟品种。植株树势旺盛，枝条粗壮。平均结果枝率68.3%，每果个枝平均花序1.3个。二次结果能力强。

果穗圆锥形，平均单穗重880克，最大穗重2 000克。果粒圆形至卵圆形，平均单粒重12.2克，最大粒重22克。果皮深紫红色，果肉硬而脆，甜酸适口，含可溶性固形物约16.3%，品质极佳。

(2)整形修剪技术要点

①适宜中小棚架和高篱架栽培，中短梢混合修剪。对弱结果母枝进行2～3个芽剪截，对粗壮结果母枝进行3～6个芽剪截。对延长枝不宜留得太长，可自然限制留芽量，保证枝条在架面上的分布，便于埋土防寒，并可以

减少疏花疏果工作。

②疏花序。在花序显现后，每个延长枝至少保留 2 个果穗，以达到以果压蔓的目的，其余的结果枝上只留 1 个果穗，其余果穗（包括二次、三次果穗）全部疏除。

③疏花疏果。花前 1 周掐去穗尖的 1/4，掐去果穗肩部 2～3 个歧肩穗，使穗形端正美观、大小一致。保证全穗 12～15 厘米，最长不超过 20 厘米。坐果后 1～2 周，分期疏去受精不良的小果粒、畸形果及过密的果粒，使每个果穗上果粒分布均匀，互不挤压。使整个果穗紧而不挤，松而不散，小果穗留果 50 粒左右，中果穗留 80 粒左右，大果穗可留 100 粒左右。这样疏粒后，可以使粒重达到 14～15 克。

④控制产量。为保证果品质量，进入结果盛期的树，每 667 米^2 产量要控制在 1 500～2 000 千克，结果枝与营养枝比在 1∶3 以上。

⑤结果枝处理。一般 1 个果穗至少要留 8～10 片叶摘心。果穗 2 个以上，选留 10～15 片叶摘心。副梢萌发后，将果穗以下副梢全部摘除，果穗以上的副梢留 2～4 片叶。反复摘心，主副梢摘心时，要适当多留叶片，顶端副梢留 7～8 片叶作延长梢。要及时去除老化叶片。

⑥果枝环剥。花后 7～10 天，在结果枝基部进行。

⑦幼果在较强的直射光照射下易出现日灼。6 月下旬至 7 月上旬，喷保护性杀菌剂后 1～2 天进行果穗套袋，可减轻日灼。要在采前 20 天左右除袋，除袋后摘除果穗附近的遮光叶片，并及时翻转果穗，以促进着色。

12. 龙　眼

(1)品种特性　原产自我国，是我国古老葡萄品种之一。为晚熟品种。植株生长势极强，生长旺盛，萌芽率高，结果枝率50%左右，每个果枝平均花序1.2个。

果穗圆锥形、带歧肩，平均单穗重700克，最大穗重1 500克。果粒短椭圆形，平均单粒重6.1克，果皮紫红色。果肉柔软多汁，甜而无香味，含可溶性固形物15%～18%，品质中上等。

(2)整形修剪技术要点

①因树势极旺盛，以采用大型架式，如棚架为宜。

②结果母枝基部花芽率低，成花节位较高，适宜中长梢为主的修剪。同时加强夏季修剪，注意架面通风透光。

13. 美人指

(1)品种特性　由日本植原葡萄研究所以龙尼坤与巴拉底2号杂交育成。为晚熟品种。树势生长极旺，结果枝率58%左右，每个果枝平均花序1.2个。丰产性强，果实成熟后可延迟采收1个月。

果穗长圆锥形，无副穗，平均单穗重480克，最大穗重1 750克。平均单粒重11.5克，最大粒重20克。果粒细长形，先端光亮的鲜红色，基部稍淡。肉质脆，味甜爽口，无香味，含可溶性固形物16%～19%，最高可达21%，品质极佳。

(2)整形修剪技术要点

①适宜采用可缓解生长势的大棚架自然扇形整形方

式栽培。冬剪时采用中长梢为主的修剪。注意选留芽眼充实的枝条。留枝宜稀疏。

②做好疏花疏果，严格控制产量，每 667 米^2 以 1 000～1 500 千克为宜。

③夏季注意架面通风透光，及时抹除多余的萌芽和枝条，及时进行新梢摘心。

④生长势强，秋季易贪青徒长，要注意通过综合措施，促进枝条成熟，避免冬季冻害发生。

14. 秋 红 宝

(1)品种特性 山西省农业科学院果树研究所以瑰宝与粉红太妃杂交育成。为中晚熟品种。生长势强，平均萌芽率 84.9%，结果枝占萌发芽眼总数的 57%，每个果枝平均着生花序 1.5 个，自然授粉花序平均坐果率为 35%。隐芽或老蔓上的不定芽萌发的新梢仍能结果。

果穗圆锥形，平均单穗重 508 克，果粒短椭圆形，平均单粒重 7.1 克，果皮紫红色，果皮与果肉不分离。果肉致密、细腻、硬脆，味甜，具荔枝香味，含可溶性固形物约 21.8%。

(2)整形修剪技术要点

①秋红宝长势强旺，成花容易，对修剪反应不敏感，在栽培上采用篱架、棚架均可。篱架可采用单壁篱架多主蔓无主干扇形整枝方式，以中短梢修剪为主。棚架可采用小棚架龙干形整枝方式，双龙干形整枝，每株留 2 个主蔓，距地面 40 厘米以上部分每 30 厘米留 1 个结果枝组，结果枝组上的所有枝条在冬剪时均进行短梢修剪，只

对龙干先端的1年生延长枝进行长中梢修剪。

②秋红宝花序坐果率高，果粒着生紧密，果穗过紧，生产上必须进行疏花整穗。在开花前1周，根据产量要求选留中大花序，把特大及特小花序疏除，留足花序。对所留花序进行疏层，具体为疏1、3、7层或2、4、6层，特别要注意对第一至第三小穗的内部花蕾及副穗进行疏除。

③在果实开始着色前（山西省晋中地区为6月中旬），对果穗进行整穗后随即套袋，具体要求是对每个果穗上的小粒及不整齐部分进行疏除，同时对果穗进行顺穗整理并套袋。套袋最好在多云天气、阴天或早、晚进行，套袋时要注意把果袋的通气孔充分打开，袋口扎紧扎实，以免漏入雨水造成葡萄腐烂。

15. 达米娜

(1)品种特性　由罗马尼亚格拉卡葡萄实验站以比坎与玫瑰香杂交育成。为晚熟品种。植株生长势强，萌芽力、成枝力高，结实力强，丰产。枝条成熟度好。结果枝率高，平均1个果枝着生果穗1.3～1.6个。

果穗圆锥形，平均单穗重560克，最大穗重1 100克，果粒圆形或短椭圆形，平均单粒重8.5克，最大粒重14.5克。果皮紫红色，具浓郁的玫瑰香味，含可溶性固形物约16.5%。

(2)整形修剪技术要点

①宜采用小棚架或篱架栽培，采用自然扇形整枝。中短梢修剪。

②定植当年萌芽后培养3～5个新梢，在各新梢长至70厘米时摘心，并及时绑缚。其上副梢留3～5片叶反复

摘心，副梢留1～2片叶反复摘心，促进主蔓增粗，使芽体饱满。冬剪时1个主蔓留7～8节。

翌年萌芽后及时将距地面20厘米以下的芽全部摘除，20厘米以上双芽去弱留强。开花前新梢不进行摘心，延至花后进行，花序显现后，1个主蔓留2～3个结果蔓，并及时绑缚上架、除卷须。花序以上留6～8片叶摘心，花序以下副梢全部摘除，花序以上留2～3个副梢，1个副梢留2～3片叶反复摘心。并注意坐果后及时整穗、疏粒。生长季要注意适时夏剪，保证架面通风透光。

③定植以株行距1米×2米为宜。每667米^{2}栽333株时，正常结果产量可达1 500～2 500千克。严格控制单位面积产量，防止结果过多，影响果实着色和品质。

16. 无核早红

(1)品种特性 原编号8611，由河北省农林科学院昌黎果树研究所以郑州早红与巨峰杂交育成。为早熟品种。生长势强，主蔓增粗快，年生长量大，枝条成熟度好，成形快速。结实力强，每个结果枝平均结果2.23穗。丰产。副梢的结实力强，可结二次果。副芽的结实力较强，在主芽意外受损时，可代替主芽结果，因此具有潜在的丰产性能。

果穗圆锥形，平均单穗重190克。果粒近圆形，平均单粒重4.5克，紫红色，肉质脆，含可溶性固形物约14.3%。

如果使用该研究所研制的“早红无核膨大素”蘸花处理后，平均单穗重650克，最大穗重1 100克。果粒呈椭圆形，平均单粒重 9.7 克，最大粒重 13.9 克，无核率达 100%，肉质酸甜适口，商品价值大大提高。

(2)整形修剪技术要点

①因其生长势强，年生长量大，可采用小棚架，庭院大棚架或高篱架等、但最适宜小棚架种植，株距 0.8～1 米、行距 5～6 米，每 667 米^2 栽植 111～165 株为宜。

②冬剪以中长梢修剪为主。因该品种副梢易萌发，应注意疏芽、抹芽和副梢摘心，以利于通风透光。

③该品种在自然生长状态下，果粒较小，为了增大果粒，提高其商品价值，应进行药剂处理，可采用早红无核膨大素蘸花穗，效果良好，在花前 1～3 天和花后 10 天各处理 1 次即可。

17. 无核白鸡心

(1)品种特性 又名森田尼无核、世纪无核、青提。原产自美国。由加利福尼亚大学的 H. P. 奥尔姆育成。亲本为 Gold × Fzdi（Emperorx Pirovam75）。为早熟品种。树势强，枝条粗壮。平均萌芽率 46%，结果枝率 74.4%，每个果枝平均花序数 1.3 个。

果穗长椭圆形，单穗重 600～700 克，最大穗重 1 500 克。果粒鸡心形，平均单粒重 4.5 克，成熟后为黄绿色，果粉薄，果皮薄，果面洁净美观。果肉紧密，无核，含可溶性固形物 15.3%～17%。品质极上等。

(2)整形修剪技术要点

①栽培中应注意促进花芽分化，并多留结果母枝，修剪中注意适当多留中长枝，防止完全超短枝修剪。

②本品种果穗大，易丰产，每 667 米^2 产量应控制在 1 800～2 000 千克。负载量过大，易形成隔年结果或大小年现象。同时，易发生“水罐子病”。果穗愈大，水罐子病愈重。单穗重应控制在 800～1 000 克，大穗不超过 1 200 克。果穗愈大，果粒愈小，外观、品质均差。应认真疏穗，中强以上枝留单穗，弱枝不留穗。整理穗形时，疏除副穗，大穗穗尖掐去 1/3，小穗去 1/5，使果穗呈圆锥形。

③严格认真进行植物生长调节剂处理。不可盲目追求增大果粒而随意加大植物生长调节剂的浓度和施用次数。否则，虽然果粒增大，但品质严重下降，含糖量下降，涩味增加，穗轴变脆，果实抗拉力减弱，运输途中大量掉粒。正确做法为，谢花后用 80～100 毫克/升赤霉素处理 1 次。使穗重控制在 800～1 000 克，单粒重达 10 克，糖度达 14 度以上。

④在果粒豌豆大小时，剪除小粒果、畸形果、烂果，喷 1 次杀菌剂，要均匀周到，药剂干后，即套袋，袋口要扎紧。采收时果实随袋同时采收。

⑤适时分期分批采收。为保证果实内在品质，果皮由绿色转黄绿色，果实呈半透明状，糖度 14 度以上时，成熟一批采收一批。

18. 夏　黑

(1)品种特性　由日本山梨县果树试验场以巨峰与汤姆逊无核杂交育成。为早熟品种。植株生长势极强。隐芽萌发力中等，萌芽率 85%～90%，成枝率约 95%，每个果枝平均花序数 1.45～1.75 个。隐芽萌发的新梢结实力强。

果穗多为圆锥形，有部分有双歧肩，无副穗，果穗大小较整齐，平均单穗重 415 克。果粒着生紧密，果粒近圆形，平均单粒重 3.5 克，紫黑色至蓝黑色，果皮厚而脆，果粉厚，果肉硬脆，味浓甜，有草莓香味，无核，含可溶性固形物 20%～22%，品质上等。

(2)整形修剪技术要点

①冬季不埋土区可采用高、宽、垂“T”形架式栽培，如“十”字形架等，采用混合修剪法，弱枝重剪，强枝长放。冬季埋土区可采用棚架栽培，采用中短梢修剪。直径 0.5 厘米以上的结果母枝留 6～8 节短截，预备枝留 1～2 个芽短截。直径 0.5 厘米以下的均留 1～2 个芽短截。注意疏除过密枝、纤弱枝、病虫枝和干枯枝。每 667 米^2 留新梢量 2 500～3 000 个。

②生长季修剪，萌芽后及时抹去过弱芽、残次芽、伤芽和主干上的无用芽。双芽、多头芽选留 1 个壮芽。一般新梢间距 20 厘米左右。旺树多留梢，弱树少留。上部多留弱枝和结果枝，以调整和平衡树势。

花前 4～5 天，结果枝果穗以上留 8～10 片叶摘心。花前 1～2 天，全部抹除萌发的夏芽副梢。坐果后，顶端冬芽萌发的副梢留 1～2 个，留 3～5 片叶反复摘心。其他副梢均留 1 片叶后摘心，使其不再萌发二、三次副梢。对营养枝，可延迟到 10～12 片叶时摘心，对旺长枝可结合扭梢、压平绑蔓缓和长势；对其上萌发的副梢可采取隔一去一，副梢留 2～3 片叶摘心。对延长枝，可延迟至 20 片叶左右时摘心，但不宜超过7月中旬，过晚枝条成熟度差，易出现越冬抽条现象。摘心后夏芽副梢可适当多留，留6～8片叶摘心。若延长枝过旺，可提前摘心，不进行牵引，任其下垂以减缓生长势。结果枝、营养枝和延长枝均摘到顶端1/3正常叶部位。

③疏穗定产。开花前10～15天，疏去多余果穗、弱穗、小穗和副穗，一般结果枝强梢留2穗，中梢留1穗，弱梢不留。每667米^{2}可留1 800～2 000穗，产量控制在1 000～1 250千克，产量过高会影响上色。

④可采取2种整穗方式。可以剪除副穗、歧肩及2～3层小穗和穗尖，使果穗呈圆锥形。也可以去掉副穗，去掉占穗长1/3～1/4的穗尖，仅留下面12～13个小穗，每小穗留8个花蕾，除去小粒、密挤粒，每穗留80～90粒，果穗呈圆柱形。

⑤应用植物生长调节剂。夏黑葡萄为无核品种，果粒较小，植物生长调节剂处理可增大果粒。花后15～18天用赤霉素处理果穗1次，15天后再处理1次。生长中后期，喷多效唑或PBO 300～500倍液。

19. 克瑞森无核

(1)品种特性 又名绯红无核、淑女红，克仑生等。由美国加利福尼亚大学农业研究中心以皇帝与C33199杂交育成。为晚熟品种。树势强健。萌芽率、成枝率均高。副梢也易形成花芽。

果穗圆锥形，带歧肩，平均单穗重500克，最大穗重1 000克。果粒椭圆形，平均单粒重4克，最大粒重6克，植物生长调节剂处理后，平均单粒重 8.5 克，最大粒重 11 克，果皮中厚，亮红色，充分成熟后为紫红色，果粉厚，果肉浅黄色，较硬不易与果皮分离，味甜，无核，含可溶性固形物约 19%，品质极佳。

(2)整形修剪技术要点

①克瑞森无核自根苗长势极强，宜棚架栽培和高、宽、垂架栽培。幼树易贪青徒长，可采用中长梢修剪。进入盛果期后可采用中短梢修剪。

②夏季修剪主蔓及时摘心，注意副梢管理，避免生长过旺。

③坐果率高，花序分离期及时整穗，除穗尖、副穗、侧穗，疏过密果粒。

④每 667 米^2 限产 2 000 千克左右为宜，防止因产量过高而延迟成熟。

20. 赤霞珠

(1)品种特性 原产自法国。为酿造红葡萄酒的世界著名品种。为晚熟品种，生长势强，平均结果枝占总芽数的 36.9%，每个结果枝结 1～2 穗果。副梢发生力强，结实力低，早果性差，产量中等。

果穗圆锥形带歧肩，平均单穗重 175 克，最大穗重 350 克。果粒着生较松，果粒圆形，平均单粒重 1.8 克。果皮厚，紫黑色，果粉厚，果肉多汁，味甜，有特殊青草香味，含可溶性固形物 15%～19%。

(2)整形修剪技术要点

①生长势中等，属中小株型。适宜篱架、小棚架栽

培。中、长、短梢修剪。

②预备枝修剪留单芽和双芽效果好，可起到良好的更新作用。结果母枝修剪留 3～4 个芽较好，可有效地防止树体结果部位的外移及内部光秃现象，延长树体有效寿命，也可获得较高的经济产量和质量。结果母枝小，不宜留 5 个芽以上，留芽过多容易使结果部位加速外移。

③为保证酿酒需要的质量，每 667 米^2 限产 1 000 千克。

21. 品 丽 珠

(1)品种特性 原产自法国。为法国波尔多著名红酒品种。为晚熟品种。树势较强。结实能力较强，结果枝率 40%以上，多为双穗。丰产性强。

果穗圆锥形，平均单穗重 240 克。果粒圆形，平均单粒重 1.57 克。果皮紫黑色，中厚，果粉厚，果肉多汁，味酸甜，有浓郁独特草莓香味。含可溶性固形物 16%～19%。

(2)整形修剪技术要点

①适于中株形，规则扇形整形。

②中长梢修剪，冬剪多留芽，翌年春留足更新枝后，多疏发育枝。

③加强夏季修剪控制，防止徒长枝发生，保持全株梢势均衡，注意更新枝选留，防止树形紊乱。

④每 667 米^2 限产 1 000 千克。

书名	定价
枣高效栽培教材	9.00
枣树整形修剪图解	7.00
枣无公害高效栽培	13.00
枣农实践 100 例	6.00
鲜枣一年多熟高产技术	19.00
我国南方怎样种好鲜食枣	8.50
灰枣高产栽培新技术	10.00
枣树病虫害防治(修订版)	7.00
黑枣高效栽培技术问答	6.00
柿树栽培技术(第二次修订版)	9.00
柿无公害高产栽培与加工	12.00
软籽石榴优质高效栽培	13.00
番石榴高产栽培	7.50
无花果栽培技术	5.00
板栗栽培技术(第 3 版)	8.00
开心果(阿月浑子)优质高效栽培	10.00
板栗无公害高效栽培	10.00
板栗整形修剪图解	4.50
板栗周年管理关键技术	10.00
核桃高产栽培(修订版)	9.00
山核桃高效栽培技术	23.00
优质核桃规模化栽培技术	17.00
葡萄栽培技术(第二次修订版)	17.00
葡萄无公害高效栽培	16.00
葡萄优质高效栽培	15.00
葡萄周年管理关键技术	12.00
葡萄高效栽培教材	6.00
大棚温室葡萄栽培技术	6.00
葡萄整形修剪图解	6.00
盆栽葡萄与庭院葡萄	7.00
中国柑橘产业化	37.00
柑橘无公害高效栽培(第 2 版)	18.00
柑橘优质丰产栽培 300 问	16.00
柑橘优良品种及丰产技术问答	17.00
南丰蜜橘优质丰产栽培	11.00
砂糖橘优质高产栽培	12.00
柑橘整形修剪图解	12.00
柑橘整形修剪和保果技术	12.00
特色柑橘及无公害栽培关键技术	11.00
橘柑橙柚施肥技术	10.00
碰柑优质丰产栽培技术(第 2 版)	13.00
甜橙柚柠檬良种引种指导	18.00
脐橙优质丰产技术(第 2 版)	19.00
脐橙整形修剪图解	6.00
脐橙树体与花果调控技术	10.00
柚优良品种及无公害栽培技术	14.00
沙田柚优质高产栽培	12.00
无核黄皮优质高产栽培	8.00
香蕉无公害高效栽培	14.00
香蕉优质高产栽培(第二版)	13.00

香蕉周年管理关键技术	10.00
龙眼荔枝施肥技术	8.00
龙眼产期调节栽培新技术	9.00
龙眼周年管理关键技术	10.00
荔枝龙眼芒果沙田柚控梢促花保果综合调控技术	12.00
杧果高产栽培	7.00
杧果周年管理关键技术	10.00
菠萝无公害高效栽培	10.00
杨梅丰产栽培技术	9.00
杨梅良种与优质高效栽培新技术	6.00
枇杷高产优质栽培技术	8.00
枇杷周年管理关键技术	10.00
大果无核枇杷生产技术	8.50
草莓优质高产新技术(第二次修订版)	10.00
草莓无公害高效栽培	9.00
草莓病虫害诊断与防治原色图谱	16.00
有机草莓栽培技术	10.00
草莓无病毒栽培技术	10.00
草莓良种引种指导	12.00
大棚日光温室草莓栽培技术	9.00
棚室草莓土肥水管理技术问答	10.00
小浆果栽培技术	19.00
图说食用菌制种关键技术	9.00
图说鸡腿蘑高效栽培关键技术	10.50
图说双孢蘑菇高效栽培关键技术	12.00
图说金针菇高效栽培关键技术	8.50
图说香菇花菇高效栽培关键技术	10.00
图说平菇高效栽培关键技术	15.00
图说黑木耳高效栽培关键技术	16.00
图说毛木耳高效栽培关键技术	12.00
食用菌栽培手册(修订版)	26.00
食用菌引种与制种技术指导(南方本)	7.00
食用菌制种技术	8.00
食用菌菌种规范化生产技术问答	18.00
食用菌高效栽培教材	7.50
食用菌栽培与加工(第二版)	9.00
高温食用菌栽培技术	8.00
食用菌丰产增收疑难问题解答	13.00
食用菌周年生产技术(修订版)	13.00
15 种名贵药用真菌栽培实用技术	8.00
名贵珍稀菇菌生产技术问答	19.00
速生杨林下食用菌生产技术	14.00
新编蘑菇高产栽培与加工	11.00